当代视野下的室内设计多维度研究

杨　骥◎著

北京燕山出版社

图书在版编目（CIP）数据

当代视野下的室内设计多维度研究 / 杨骥著 . —北

京 : 北京燕山出版社 , 2022.12

ISBN 978-7-5402-6791-9

Ⅰ . ①当… Ⅱ . ①杨… Ⅲ . ①室内装饰设计—研究

Ⅳ . ① TU238.2

中国国家版本馆 CIP 数据核字（2023）第 004715 号

当代视野下的室内设计多维度研究

著者：杨骥

责任编辑：邓京

封面设计：马静静

出版发行：北京燕山出版社有限公司

社址：北京市西城区椿树街道琉璃厂西街 20 号

邮编：100052

电话传真：86-10-65240430（总编室）

印刷：北京亚吉飞数码科技有限公司

成品尺寸：170mm×240mm

字数：194 千字

印张：12.25

版别：2025 年 4 月第 1 版

印次：2025 年 4 月第 1 次印刷

ISBN：978-7-5402-6791-9

定价：82.00 元

前　言

　　随着人们生活水平的提高、审美意识的提升，人们对住房的要求越来越高，不仅要求质量过硬，而且更重视室内的美观和生态化。在建筑设计中，环境艺术设计的作用是利用人的审美来对空间进行艺术改造。而室内设计作为环境艺术设计中的重要组成部分，其发展趋势会直接影响到环境设计的发展方向。室内设计是根据建筑物的使用性质、所处环境和相应标准，运用物质技术手段和建筑设计原理，创造功能合理、舒适优美、满足人们物质和精神生活需要的室内环境。中国的室内设计起步较晚，许多曾经优秀的室内设计案例也已经随着建筑的消失而不复存在。

　　随着时代的发展，室内设计行业的竞争越来越激烈。为了提升核心竞争力，设计人员在保证室内设计美观性和实用性的同时，会更多地向自然化、民族化、智能化等方向靠拢，期望为人们提供能够满足人们物质需求和精神需求的舒适空间。创新是 21 世纪设计领域的主题，特别是室内设计，没有创新就难以有长远发展。创新问题在所有艺术创作中都是一个永恒的课题，设计师需要在继承原有设计创作成果的基础上有一些推陈出新的思路，才能发掘出新的艺术表现形式，寻找一些新题材。此外，设计师还需要在建筑创作范畴探索新结构和新技术领域，开发新的材料来源。目前我国的室内设计还存在很多拼凑与模仿国外或古代建筑样式的现象，这是导致我国设计水平与国外设计水平存在差异的原因之一。针对这种情况，室内设计师必须在继承传统的基础上，及时更新设计观念、开辟新的设计思路、应用新的艺术表现形式来创作富有特色的设计作品，进而推动我国室内设计的快速发展。

　　为了对我国当前的室内设计进行研究，以便以后更好地进行室内设计实践，笔者参阅众多参考资料，并结合自身的设计实践，撰写了本书。本书遵循由浅入深、由宏观到具体、由理论到实践的逻辑顺序，逐步展开。本书第一章首先分析了室内设计的相关概念、特点,设计师的职责以及当代室内设计的风格,使读者从整体上对室内设计有一个初步的了解。第二章主要分析室内设计的各项理论基础,如建筑学、美术、技术等。第三章到第五章,继续深入,对室内空间设计,室内设计的思维、表达与程序,室内各要素的设计等进行详细而具体的分析。第六章与第七章则从实践的角度对不同类型的室内空间设计以及室内设计的应用与实践进行分析。本书内容全面,逻辑清晰,实用性强。

本书在写作过程中参考了许多相关的学术著作,在此向其著作者表达由衷的感谢。同时,对于本书中由于种种原因而存在的各种问题与不足,也希望各位读者能够谅解,并提出宝贵意见。

总之,当前的市场环境可能略显浮躁,也可能存在少量的干扰,但室内设计师和机构要保持相对的冷静,树立良好的社会责任感,为国家和群众创造高品质的室内设计。期望全社会能逐步建立起健康的设计观念,使我国当代室内设计健康可持续发展。

作 者
2022 年 8 月

目　录

第一章

室内设计概述

　　室内设计是指从建筑物内部捕捉空间，根据对象的特定环境，使用特定的材料、技术手段，设计和组织它，以创造一个安全、卫生、舒适、美观的室内环境。设计出的作品不仅需要具有实用价值，还需要体现历史文脉、建筑风格、周边氛围等因素。本章将对室内设计的概念与特点、室内设计师职责以及当代室内设计风格展开论述。

第一节　室内设计的概念与特点

一、室内设计的释义

室内设计旨在根据建筑的使用方式、环境和相关标准,运用材料工程手段和建筑美学原则,创造功能合理、形式优美、满足人们物质和精神需求的室内环境。这种空间环境不仅具有实用价值,满足相应的功能要求,而且反映了历史文脉、建筑风格、环境氛围等内容。

具体而言,室内设计应满足人类生活和工作的物质和精神要求,根据空间使用类型和环境的相应要求,在物质技术手段和审美原则的运用上体现历史文脉,营造出功能合理,舒适美观,满足人们生理、心理需求的室内环境。当今人类的大部分时间都是在室内度过的,一个人无论是工作还是娱乐,都无法摆脱对室内环境的依赖。因此,室内环境的好坏直接影响着人们的生活质量,关系到人们的健康、舒适甚至安全。

信息时代加快了生活和工作的节奏,设计作品的时间被一次次压缩,设计出真正好的作品变得越来越难,设计师必须面对这个事实。在这样的现实条件下,我们必须有坚定的信念追求,学会审慎地利用信息资源,提高自己的视野和文化品位,这样才能成为一名优秀的室内设计师。

二、室内设计的定位

室内设计是一项实用的专业技能,为了完成室内设计,根据项目内容,我们要给予适当的创意定位。需要注意的是,这种项目定位也是非常多面的。第一是内容定位,需要弄清楚自己在做室内设计的哪个方面。将住宅中的卧室设计与公共空间的酒店客房设计进行对比,虽然两者在功能上都为人们提供了最基本的休息空间,在功能上差别不大,但它们的设计内容却完全不同。居住空间的设计要更加灵活,需要根据住户的年龄、职业和性格进行个性化设计,可以是中式的,也可以是欧式的，只要款式符合业主的要求即可。而酒店客房设计应考虑到酒店的整体风格，按照国家酒店室内设计的相应规范进行设计。如果把房子设计成酒店，就缺乏家的温暖，而酒店做成家的设计又过于琐碎，难以管理。因此，室内设计的早期定位非常重要，是设计成败的前提。第二就是档次定位，以酒店为例：业内将酒店的档次标准划分为一到五星（图1-1），近年来发展了一批六星级或超五星级的豪华酒店。不同的客户层次有不同的设计和使用标准。室内设计作品只有内容和档次定位正确，才能为大众所接受，成为优秀的设计作品。

图 1-1　五星级酒店室内设计局部图

三、室内设计的特点

（一）以满足人的需求和人际交往为核心

室内设计的目的是通过创造室内环境为人服务，设计师必须时刻考虑人们对室内环境的要求，包括物质方面和精神方面。由于设计过程中矛盾复杂、问题众多，设计师必须清醒地认识到在设计中要以人为本，为人民服务，保障人们的安全和身心健康，满足人们的需要，注重设计的世俗道理。然而，由于一些因素，设计师在设计中常常会不知不觉地忽略室内设计中"为人服务"这一要求。

现代室内设计必须满足人类的生理和心理需求，综合处理人与环境的关系，解决人际交往等问题。它必须在满足"为人服务"要求的前提下，平衡好实用功能、经济效益、方便美观这几方面。规划和实施过程也会影响到许多方面，如材料、设备、配额规定以及与施工管理的协调。可以说，现代室内设计是一个非常全面的系统工程，但现代室内设计的出发点和目标只能是为人服务、为人际活动服务。例如，北欧的室内设计就非常注重人性化的环境感。

从"功能基石""为人服务"出发，设计师必须一丝不苟，设身处地地为人们创造美好的室内作品。现代室内设计要特别注重对人体工程学、环境心理学、审美心理学等方面的研究，以便科学深入地了解人的生理特性、行为心理和视觉感知等方面对室内设计的要求。

（二）注重整体环境观

现代室内设计的设计理念、陈设的风格以及环境的氛围，都必须注重考虑整体环境。现代室内设计，从概念上理解，是环境设计系列的"链条"。

室内设计的"内"与室外环境设计的"外"是一对互补、辩证统一的矛盾，要做好室内设计，越来越需要设计师对室内设计有足够的认识和分析。目前室内设计的缺点之一是，缺乏创新和个性，设计师对整体环境缺乏必要的了解和研究，设计基础比较笼统，设计理念局限封闭。也就是说，设计师忽略了对环境与室内设计关系的分析，这是造成目前室内设计出现问题的重要原因之一。

现代室内环境设计里的"环境"有以下两个含义。第一个含义指很多方面，包括室内环境、视觉环境、空气质量、声光热等物理环境、心理环境等。如果一个房间看起来不错，但又热又吵，在里面也很难感到舒服。

另一个含义是将室内设计视为自然环境—城乡环境—街区—建筑—室外环境—室内环境这个环境系列的有机"链条中的一环"，其中有很多因果，或者说有相互制约、相互影响的因素。

（三）强调科学与艺术之间的联系

现代室内设计的另一个基本点是强调科学与艺术的相互联系，创造室内环境。从建筑和室内设计史来分析，具有创新精神的新风格的出现始终伴随着社会生产力的发展。社会生活和科技的进步以及人们价值观和审美观念的变化，促使室内设计充分考虑和积极利用当代科技成果，包括新材料、结构组成和施工工艺等。除了需要进一步树立设计理念外，现代室内设计的科学性也越来越引起人们对设计方法和表现手段的重视，设计师们开始用科学的方法来分析和评估室内设计的优缺点。物理空间环境可以利用电子计算机技术辅助设计和绘图。贝聿铭在上海演讲时展示的华盛顿美术馆东厅透视室内设计，是由电子计算机绘制的。这些精确绘制的非矩形形状和空间关系具有真实的视觉冲击力。

现代室内设计一方面要充分注意科学性，另一方面要充分注意艺术性。注重材料与技术手段，强调建筑美学的原则，强调创造富有表现力和吸引力的室内设计，创造视觉愉悦感。现代建筑和室内设计中的高科技和高度情感主题也不能被忽视。总之，现代室内设计是科学与艺术、生理与心理要求、物质因素与精神因素的平衡与综合。

（四）反映时间感与历史脉络的融合

从宏观上看，建筑和室内设计总是从刻有时间印记的侧面反映当代社会物质和精神生活的特征，但现代室内设计必须考虑与时俱进，有意识地在设计中体现时代精神，积极考虑和满足当代社会生活和行为的需求，积极运用当代材料和技术手段。

同时，人类社会的发展，无论是物质技术还是精神文化，都具有历史连续性。追寻未来与尊重历史应该在社会发展的道路上有机地结合在一起。在室内设计中，可在居住、旅游、休闲、文化娱乐等室内环境类型中，因地制宜地采用具有民族特色、地方风格的设计，充分考虑历史和文化的延续和发展。

需要说明的是，这里所说的历史脉络不能简单地从形式和符号来理解，而是广泛地包含了规划思想、层次布局和空间组织特征，甚至是设计中的哲学思想和观点。由日本著名建筑师丹下健三为东京奥运会设计的代代木国立体育场是一座悬空结构的现代体育馆，从建筑形式和室内空间的整体效果来看,可以说非常具有时代精神,且具有日本建筑风格的一些内在特征。

（五）具有动态和可持续发展的愿景

当今社会生活节奏加快,建筑内部的功能复杂多变,室内装修材料、设施设备,甚至门窗等部件的变换也日新月异。总之,室内设计和建筑装饰的"隐形贬值"越来越明显,更新周期缩短,人们对室内环境的艺术风格和氛围的欣赏和追求也在随着时间而改变。

第二节　室内设计师的职责

一、室内设计师的工作内容

室内设计是以科学方法为依据,通过合理运用审美元素和空间功能元素（由国际室内设计协会定义）,将看似相对独立的多个学科联合起来。在欧洲,室内设计从 1960 年左右就开始作为一门独立的学科而存在,经过多年的发展,室内设计行业的业务范围不断扩大,行业标准也在不断变化和完善。

室内设计师是通过教育、实践经验和考试认可的职业,是致力于改善室内空间的功能和设计质量,以提高人们的生活质量,并确保公众的安全、健康和利益的人。概括来说,室内设计师的工作包括以下几个方面:分析客户的设计要求和投资意向,如与生活、工作、安全有关的基本要求;将调查分析结果与室内设计专业知识相结合进行设计定位;提出适合客户需求并满足功能和审美要求的初步设计理念;通过适当的项目规划和设计深化形成最终设计方案;编制施工图,对非结构性内部结构的装饰材料、空间规划、家具、纺织品和配件等做出明确描述;在设备、电气和结构规划领域,与提供专业服务的、具有相应资质的从业人员或机构合作。

二、室内设计师的责任

当今,室内设计的内容越来越复杂和技术化,人们更加关注安全、健康和公益,这就要求室内设计师具备专业的技术知识和创新技能。生态环境和文化发展应该改善室内环境,提高人们的生活质量,这也是室内设计师应该考虑的重要问题。

(一)方便特殊人群

特殊人群包括行动不便、听力有问题或视力不佳的人,也包括一个或多个地区的老年人或残疾儿童。室内设计师要努力改善特殊群体的生活环境,这就要求设计师更多地了解老人、儿童和残疾人,关注这些需要帮助的弱势群体的复杂需求。

(二)关注环保设计

地球生态环境的恶化和资源的枯竭是每个室内设计师都应该关注的问题。室内设计师应转变室内设计理念,在设计过程中尽可能使用可再生能源,努力保护生态环境,保护地球上动植物和人的建筑遗产。环境意识应该是室内设计师做出各种方案决策的基石,因为它可以改变人们未来的基本生活方式。

(三)尊重多元文化设计

多元文化是尊重文化差异、争取文化平等共存、构建和谐社会的基础。如今,文化多元化发展已成为世界重要趋势,多元化文化也影响着室内设计理念和设计风格。例如,不同文化对室内设计中的空间、色彩等视觉元素有不同的理解。因此,设计师应该对来自不同文化背景的客户的品位和喜好有很好的了解,从而制订出更合适的设计方案。

三、室内设计师与相关设计工作

室内设计师应与建筑、电气工程、消防、平面设计、工业设计等各个领域的专业人士建立密切的工作关系，加强相互沟通与协作，形成紧密合作的团队。

（1）建筑师。建筑师通常设计建筑物的外部和内部组成，并提供有关结构和机械设备的建议，直接为客户工作。

（2）工程师。工程师与建筑师和室内设计师合作，为室内设计制作电气工程图、给排水图、消防工程图、暖通工程图等。

（3）平面设计师。在公共建筑的室内设计中，平面设计师通常会制作标牌、产品包装、宣传册。

（4）景观设计师。在室内设计过程中，景观设计师与建筑师之间的交流会影响选址、建筑形式和建筑布局。景观设计师可以为公共建筑室内设计中的水景、绿地和雕塑提供设计解决方案。

第三节　当代室内设计风格

一、风格的概念

风格是指设计师或艺术家在艺术创作中的艺术素质和个性。由于每位艺术家和设计师的生活经历不同，时代不同，受地域文化差异影响不同，文化艺术成就不同，人格特质不同，因此他们在艺术创作设计如意境、创意、艺术造型设计等方面存在差异。其艺术表现手法和艺术语言的运用等诸多方面体现出不同的特点，构成了作品的风格和魅力。因此，风格是指一种精神观点，它代表了通过美术语言描绘的精神观点、性格和行为。

室内设计风格属于内在的艺术和精神风格，但这些风格主要体现在醒目的外在视觉形式上，因此我们可以认为风格实际上是建筑设计和室内设计的结合体。但值得注意的是，风格虽然主要表现在形式上，但绝不只是形式。

二、现代室内设计风格的趋势

室内设计是一门融合科技与艺术的综合性学科。室内设计不再是单纯的功能导向,而是向科学、艺术、文化方向深入发展。室内设计不仅满足了人们的生活需求,而且改变了人们的生活方式和行为方式,提高了人们的生活质量。随着社会经济的快速发展和生活水平的不断提高,人们越来越重视改善自己的生活空间和公共环境。室内设计作为一门专业性强、发展迅速的新兴学科,已成为当代设计学科的领先领域。

室内设计于 20 世纪 60 年代初形成一门独立的综合学科,并开始在世界范围内传播室内设计的概念。自古以来,室内设计一直从属于建筑设计,由建筑师指导,并没有得到应有的重视。人们对室内设计的看法也很简单,没有意识到它是空间艺术和环境艺术的综合体现。17 世纪,由于室内设计与主体建筑分离,室内装饰的风格逐渐发生变化。19 世纪以后,室内设计开始强调功能性,在造型上追求简洁,同时兼顾经济性、实用性和耐用性。 20 世纪初,室内设计趋于衰落,但强调合理的形式和使用功能。现代室内设计应从内部了解房间,根据建筑空间的使用类型和环境,运用材料技术和艺术处理方法设计其形状和尺寸。为了满足人们在室内环境中的需求,要考虑环境和设备的整体布置。室内设计的基本目的是创造一个同时满足物质和精神需求的空间环境。

(一)多层次、多元化、多风格

室内设计作为一门新兴领域,在现代已取得显著进展。其发展正朝着多层次、多元化、多风格的方向迈进,这已成为不可阻挡的潮流。室内设计中,既有彰显现代风尚的设计,追求简约明快,展现抽象艺术的纯净高雅之美;也有诠释简约清新、富含野趣、自然简约风格的设计作品。

(二)自然、绿色、环保

从 21 世纪开始,人们在改造物质世界的同时,越来越深刻地思考自己对地球环境和人类健康造成的损害,自然、绿色、环保的意识已成为人们的共识。自然界中的材料和景观往往成为室内设计的元素,唤起人们对自然的热爱,使自然与人和环境和谐共处。从可持续发展的宏观要求出发,人们更加关注室内节能和节省空间;注重使用绿色装修材料,防止污染,使人工环境与自然环境相互协调,促进身心健康。

（三）体现精神因素和文化内涵

今天,人们注重生活环境与审美意识的结合,继续关注人的因素。从传统文化和古典艺术中寻求积极的元素,融合地方风貌、历史文化、传统风格和现代科技等因素,注重装饰、象征和隐喻,以新的装饰语言和新的表现形式丰富现代艺术室内设计。同时,室内空间、室内家具、灯具、电器等的融合协调,给人以耳目一新的感觉。因此,室内设计与装饰艺术和工业设计的关系密切,在室内设计中应体现精神因素和文化内涵。

（四）大众参与

随着室内设计的进一步专业化和规范化,公众对室内设计的积极参与得到加强。21世纪是一个多彩的时代,人们对自己的生存环境更加了解,紧迫感更加强烈,思考更加理性。追求具有个人特色的审美艺术观念、健康环境已成为大众共识。室内环境的营造离不开用户的切身需求,用户的积极参与不仅体现了大众素质的提高,也让设计师能够倾听用户的想法和要求,结合设计思路与用户沟通,达成共识,使设计的使用功能更加有效和完善,有利于贴近生活和大众需求。

（五）更新周期加快

随着现代科学技术的飞速发展,社会生活节奏不断加快,生活质量不断提高,人们对生活工作环境、娱乐场所等提出了更高的要求。尤其是在更新室内环境时,周期更短、更快。空间品质要求已从物质表现演变为精神需求,个性化、多元化设计成为时代潮流。因此,内部设计标准化流程本身应进一步完善,加强设计与施工、材料、设施和设备之间的协调匹配关系。同时,在设计和建造中也应仔细考虑时间因素对布局、界面结构、装饰等多项相关问题造成的影响,如设备的预留位置、装修材料更换更新的便利性等。

第二章

室内设计相关理论

　　本章探讨了室内设计理论体系的多维度构建，重点梳理了建筑学、美学及技术等相关理论的基本内容与核心理念。本章通过分析建筑学基本理论在空间设计中的结构支撑作用、美学理论对空间艺术表现的指导意义以及技术理论在实现设计功能与创新中的关键地位，为室内设计的理论研究与实践探索提供了深厚的学理基础和实践启发。这种多学科交叉的理论框架，不仅有助于加深对室内设计内涵的理解，也为设计领域的创新实践提供了重要的指导方向。

第一节　建筑学基本理论

一、室内设计与建筑设计的关系

室内设计与建筑设计的关系十分密切：建筑设计是室内设计的基础，室内设计是建筑设计的延续、深化和发展。

室内设计在已建立的建筑单位中进行。然而，这并不意味着室内设计师只能被动地跟随现有的建筑设计，因为即使在建筑设计完成后，仍有很多机会发挥他们的聪明才智。他们可以发挥自己的主动性和创造性，利用灵活的设计方法来完成创造良好室内环境的任务，通过室内空间的艺术表现，深刻地体现房间的性格和主题，弥补一些缺陷。

室内建筑师与建筑设计师之间需要密切合作。室内设计师应该了解建筑设计的原则、方法和步骤，才能更好地理解建筑设计的意图。建筑设计师应了解室内设计的特点和要求，在建筑设计的过程中为室内设计创造良好的条件。建筑设计与室内建筑应被视为一个整体设计，紧密结合，共同营造一个概念清晰、个性十足、气氛宜人、室内外有机统一的整体。建筑内部功能与形式的统一，建筑艺术与外部环境的高度和谐，能够在建筑的内外环境中体现设计内涵和时代特征。

室内设计与建筑设计的相似之处在于，既要满足功能需求，又要兼顾精神功能；既受材料、技术和经济条件的制约，又受构图和美学规律的制约，还受尺度、比例、韵律、节奏、统一、对比等的制约。不同的是，与建筑设计相比，室内设计通过室内的界面来创造一种理想的、特定的时空关系。它更注重室内的生理和心理效果，强调材料的质感、色彩的配置、灯光和音乐的应用、细节的处理。因此，通过室内设计展现的最美的效果，往往比建筑设计更加精致细腻。这也是因为与外部空间相比，内部空间与人们的生活有着更密切、更直接的关系，所创造的环境几乎完全可以被人类感知。

建筑具有物质和精神的双重属性，这体现在建筑空间和建筑外观上，虽然从某种意义上说是密切相关的，但建筑的效用价值主要体现在建筑空间上，而审美价值更多地取决于建筑的外观。因此，各种建筑的艺术风格直接表现为建筑的外观。例如,没有雍容华贵的"柱式",古希腊建筑就会消失;没有雄伟的"穹顶",古罗马风格就会黯然失色。高大雄伟的尖顶、塔楼是哥特式风格,简洁明快的"玻璃盒子"已经成为现代主义的一个重要特征。如果说建筑是物质文明与精神文明相结合的产物,那么建筑装饰工程主要承担着创造精神文明的使命。室内设计的具体作用体现在建筑上:一是强化建筑的本质,即设计出不同特色的空间和不同效果的装饰艺术,使空间更具个性;二是建筑时空环境的意境和氛围可以发挥灵性,传达人的精神。室内设计正是通过对建筑的深化设计进行的,使建筑的内外环境达到与空间艺术相关的审美意识的协调,在精神上满足人们的艺术享受。

二、建筑技术与空间关系

建筑的空间形态总是受到建筑技术条件的限制。能否创造出一定的房间造型,不仅取决于我们的主观意愿,还取决于建筑结构的发展状况和技术条件。例如,古希腊有演戏活动,对戏院已经有了真正的需求,但以当时的技术条件,不可能创造出一个可以容纳数千人的巨大内部空间。因此,剧院只能设计在开阔的天空下。事实证明,建筑物和房间的形状受支撑结构和建筑技术的影响。

现代建筑的发展表明,科技对空间形态的促进作用巨大。尤其是随着室内空间的扩大,现代建筑技术的发展使房间的造型产生了前所未有的变化。壳结构、索结构、格子结构等新型承重体系层出不穷,无不体现着技术的飞跃。在房间设计中,无论是增加层数还是扩大面积,都对房间的造型产生了深远的影响,房间的造型变得更加独立和更具特色。

三、建筑材料与空间关系

设计中每出现一个新的空间结构,都为空间的发展带来无限可能。它不仅增加了房间的灵活性,而且越来越促进了新材料的使用和开发。由于结构和技术的影响,原有的建筑空间在物质性方面受到了严重的限制。新材料的出现必须有相应的技术支持,技术的发展自然会允许新材料在建筑中的使用,空间的形态也会随之发生变化。

第二节　美学相关理论

一、室内设计美学

从表面上看,室内设计依赖于建筑,有建筑的地方就有室内设计;直觉上首先是建筑,然后是室内设计。事实上,对我们来说,室内设计和建筑不仅仅是一个实体,而且是两个重点不同的独立学科。建筑注重结构,室内设计注重功能。建筑强调科学,室内设计强调美学。当然,建筑不是只讲科学,不讲功能,室内设计也不是只讲美学,不讲科学,它们只是有自己的侧重点。室内设计是一种理性的设计,是美的创造性活动,是物质品质的体现,是对审美社会心理层面的综合反映。室内设计以提高人类生活文明和美化社会为己任,创造优美的生活环境。室内设计从主体部分分析,是一门融合社会、生态、自然、科学、艺术、心理学、材料等不同学科的边缘学科。

需要强调的是,室内设计归根结底是一种美化人类生活的创造性活动,即运用图像思维和逻辑思维美化室内空间。

目前,许多室内设计领域的人将室内设计理解为装饰或装修。实际上两者是分开的,但它们是相辅相成的。室内设计是一种艺术思维过程,是规划,是蓝图;装修是实现室内设计理念的实践,是室内设计的延续过程,它将设计变为现实。先是室内设计,后才是装饰。室内设计是指导,装修是完成。

室内设计的创作过程应参考设计师在平面纸上绘制的三维效果图,包括空间的功能划分与利用、色彩的选择、材料的分析与选择、光线的艺术处理与分布、阴影以及室内装饰、空间布局等。设计师有效结合上述各种设计形式,精心策划,营造出具有不同艺术风格的室内环境(图2-1)。

图 2-1　室内餐厅设计

　　只有在室内空间中呈现美,才能称得上是有效的设计,它只是反映了其审美中客体方面的存在,而美只能通过主体的光照和表现来创造。所以,优秀的室内设计必须使室内环境的使用者,即审美主体产生美感,才能称得上是美的有效设计。设计只有与被设计的房间使用者的审美情趣和审美心理相协调,才能真正发挥出应有的审美效果。

　　因此,室内设计师应确立以"人"为核心的设计原则。"人"这个词不仅是设计师自身审美情结的表达和宣泄,更重要的是它关系到用户的满意度。对审美主体的意志、性格、品位、审美心理等因素的研究,应成为室内设计的中心,支配和约束室内设计的构思。这也应该是室内设计的基本特征之一。

二、室内设计的审美

　　室内设计不仅要为人们创造舒适的环境,为人们提供良好的休息空间,还要提供审美环境,使人们的心理和精神得到滋养。室内设计给人们带来的审美享受有不同的层次,它可以分为三个层次:形式美、气氛的渲染、意境美感。

（一）形式美

　　一个设计合理、让人感觉舒适的房间首先必须拥有合适的规模、正确的比例、有序的家具和和谐的色彩。这些因素是塑造房间第一印象的最重要因素。因此，为了营造一个舒适美妙的环境，要特别注意形式的美感。

　　人类社会和自然界万物的基本规律是对立统一，形式美的规律也不例外。造型形式有几个因素，这些因素是不同的、排斥的，在形式上表现为矛盾与对立，而有些因素又具有相似性和相关性，表现为形式上的协调和统一。因此，形式美的基本规律往往用"多样性和统一性"来表达。一般从对比、同一性（对称、重复、对位等）、节奏、平衡和比例等方面概括形式的一般规则，由于篇幅的限制，这里不再详述。

（二）气氛的渲染

　　形式之美固然能给人带来一些审美快感，但要想达到更高层次的审美，就需要让整个内在的形式有一种强烈而感人的力量，也就是营造一定的氛围。富丽堂皇或古朴典雅，庄严或轻松愉快，宁静宜人或温馨动人，朴实无华或时尚新颖的房间和大厅，常常给我们留下深刻的印象。居室应有的气氛与其用途和性质密切相关。一般来说，客厅和会客室的气氛要和谐、温馨、轻松；卧室的气氛应该平静、温暖；餐厅和宴会厅的气氛要明亮活泼；书房的气氛要古朴典雅；会议厅要严肃庄重；卫生间最好营造干净清爽的氛围。从另一个角度看，新婚夫妇房间的气氛往往是温暖、温馨的，他们往往追求新奇和时尚；老人房宜高雅、古朴；儿童房应有天真、活泼的氛围。房间的气氛还与主人的职业、身份、性格和兴趣有关。艺术家的房间往往充满温馨浪漫的气氛，运动员的房间则充满生机。和谐的氛围所带来的感染力是一种美感，让人感到精神上的舒适和自由。

（三）意境美感

意境体现在室内环境的特定意图和思想上，是这种主观意图与客观室内环境艺术性的完美结合。相对于气氛，意境不仅可以让人感受到，而且可以引起人们的联想，给人更高程度的审美享受，也就是美感，让人不仅感受到这种情况，而且自己也产生兴趣。例如，进入紫禁城太和殿，宽阔幽暗的殿中央高台上立着高大笔直的柱子，巨大的雕龙彩凤宝座后是一个镶金的大宝座。墙壁饰以银色，整个大殿给人一种富丽堂皇的感觉，呈现庄重、冷漠以及拒人千里的意境。人们不仅感受到了皇帝至高无上的权力和地位，而且还感受到了皇帝内心的孤独。

形式、氛围和意境是室内设计精神功能的体现，属于不同的层次。从认识论的角度看，形式之美主要是由视觉之美引发的，还停留在知觉层面；而氛围、意境的体验和刺激则接近于理性层面。也就是当人们进入一个空间环境，看到它的体积、形状、比例、色彩、装饰、陈设时，第一印象是美不美，往往注重感性认识。如果继续欣赏这个环境的大体氛围，会感觉它是豪华宏伟还是简单大方……这是理解上的进步，因为它是综合各种感受后的又一个抽象结论。而在此基础上，产生一定的联想，从而产生一种感觉，这无疑是理性认识的进步。

三、室内设计中的形式美规则

形式有两个属性：一个是里面的东西，另一个是事物的外观。室内设计中形式美的规则属于形式的第二属性特征的具体体现，即通过形式的外显性来表现美。

（一）适度美

适度的美是一个古老的哲学范畴。历史感和规模感已经渗透到古希腊神话和荷马史诗中。毕达哥拉斯学派认为艺术的尺度是数。柏拉图将尺度视为"多余和不足之间的适中状态"。文艺复兴时期的阿尔伯蒂更是一语道破。① 阿尔伯蒂的观点恰好与我国古代宋玉对美的阐述相一致。② 宋玉所认为的美便是适度之美。

室内设计中的适度美有两个中心点：一是审美主体的生理适度美，二是审美主体的心理适度美。从人类生理学的角度来看，人类从远古时代慢慢进化到文明时代，经验的积累逐渐让人们认识到，人的直接需求是衡量的基础。经过不断的实践，室内设计师深感室内环境只有满足人们的需要，设计才具有真正的意义。这就是"人体工程学"诞生的原因。在室内设计中，人体工程学是测量人体的大小、比例和活动范围，以便找出数据，确定相应的规律，然后限制房间的高度和空间以及家具的尺寸。日用品的触感和各种功能的要求，也要符合审美主体的生理适度美感。从人类心理的角度来看，室内设计主要考察美的心理体验。比如，在室内设计中打开天窗，让阳光透过天窗照射进来，让大跨度的建筑通过狭小的空间沐浴在自然光中，让人在封闭的空间里感到心理上的无拘无束，给人潜在的心理反应。这种微妙的心理感受，恰恰是室内设计师应该特别关注的适度审美问题。

（二）均衡美

均衡是室内设计中形式美的一般规律。在处理内墙的装饰内容，如表面、材质、色彩、灯光等时，均衡发挥着相当大的作用。

室内设计运用均衡形式表现在四个方面：形、色、力、量。形式的均衡体现在各元素的外观和形状的对比处理上。例如，天花板的圆形与其空间所定义的正方形之间的均衡。而色的均衡重点是色彩调整的量。例如，暖灰色被广泛应用于室内，在局部家具中使用纯度更高的冷色，达到视觉和心理的均衡。力的均衡则体现在室内装修形式的引力均衡上。例如，室内物体的视觉感知图像的主要趋势是垂直序列。一小部分向水平序列倾斜，整个视觉形象立刻给人一种重力均衡的感觉。量的均衡侧重于大和小的可视区域。例如，内墙可以看成一个面形，上面的装

---

① 阿尔伯蒂在《论建筑》中写道："我认为美就是各部分的和谐，不论什么主题，这些部分都应该按这样的比例和关系协调起来，以致不再增加什么，也不能减少或更动什么，除非有意破坏它。"
② 宋玉在《登徒子好色赋》中描写美人的形象时说："东家之女，增之一分则太长，减之一分则太短，著粉则太白，施朱则太赤。"

饰可以看成一个点形,这个点形在面形的背景下成为观察者的视点。相同的内壁,增加了另一个点。这时,由于人们的视觉不同,两个点状有一种相互拉扯的视觉感,暗示着一条神秘的暗线。这条隐藏线是创造均衡美感的视觉元素。因此,营造均衡美感的关键在于探索不同层次均衡造型在室内设计中的整合潜力。

(三)韵律美

室内设计中的韵律美是指审美体验中的高级生理和心理需求。韵律之美体现在室内设计语言中点、线、面有规律的重复交替,形式的渐变,构图的精细顺序,颜色由暖到冷、由浅到深、由纯净到灰色,材质的质感等各个方面。例如,广州华侨饭店的中庭就具有独特的韵律和美学设计。它在空间设计上"和、滑、柔、美",讲究"色、香、韵、味"。这不仅是室内绿化本质功能的表达,还代表了一种对比、一种韵律美感,这种美感带给客人对室内环境的遐想以及设计师对品格的追求。

第三节 技术相关理论

一、室内设计与人体工程学

(一)人体工程学的释义

人体工程学又称人体工学,是利用生理学、心理学等相关学科的知识来调整人机关系,甚至创造舒适安全的环境条件。它讨论的是人的工作及其影响,是一门新兴学科,旨在提高人们的工作效率和周围人的舒适度。

人体工程学主要关注"人—机—环境"系统中人、机、环境三要素之间的关系,而"人—机—环境"是室内设计中使用的一个紧密联系的系统。人体工程学帮助人们了解和认识不同的人体尺寸和尺寸规则,满足人类身心健康的需要,为解决系统中的人体性能、健康和舒适度等设计问题提供科学研究方法。

（二）人体工程学在室内设计中的作用

1. 为确定内部空间的范围提供依据

影响室内空间大小和形状的因素有很多，最重要的是人们活动的范围以及家具和电器的数量和大小。因此，在确定室内空间的周长时，需要弄清楚使用空间的人数，每个人需要多少活动空间，空间中有哪些家具和电器，各自占用多少空间。

作为研究问题的基础，首先需要准确测量不同性别的成人和儿童的站姿和坐姿，以及每个人躺下的平均身高。此外，还需确定人们使用不同家具、设备和活动所需的空间和高度。这样，一旦确定了房间内的总人数，就可以确定房间的合适大小和高度。

2. 提供确定室内家具设计尺寸的依据

家具的主要功能是实用，所以无论是什么类型的家具，都必须满足使用的需要。椅子、桌子、床等作为家具的一部分，应确保坐姿舒适、书写轻松、睡眠良好、安全可靠，减少疲劳迹象。壁橱、橱柜、架子等属于储物家具，应提供适合存放各种衣物的空间，并便于人们取用。为了满足上述要求，室内家具的设计必须以人体工程学为指导，家具的设计和选择应能满足人体的基本尺寸和各种活动所需的尺寸。

3. 为室内感官适应奠定基础

人体感觉器官在什么情况下能感知刺激，什么样的刺激可以接受，什么样的刺激不能接受，这也是人体工程学研究的一个重要课题。人的感觉能力是不同的，基于这个问题，人体工程学不仅要考察人的感觉能力规律，还要考察不同年龄和性别的人的感觉能力差异。

（1）视觉方面。人体工程学研究人体在室内空间中的视野（包括静态视野和动态视野）、视觉适应和内部视错觉等生理现象。

（2）听觉方面。人体工程学研究室内人的听觉阈限，即人能听到什么样的声音。此外，有必要研究响度在人身上引起什么样的心理反应以及声音的反射和回声。

（3）触觉、嗅觉等方面。人体工程学研究人在室内的手、身体和味觉的舒适程度，找出决定室内环境各种条件的重要设计规则，如房间布局、色彩配置、温度、湿度、声学要求等。

（三）人体的空间构成

1.空间范围边界

空间范围边界是指人体活动的三维范围，即人体上、下、左、右部位的正常范围和界限。在这个领域，每个国家、民族甚至个人之间对人体的测量标准都不一样，所以要确定的三维空间量也不同。从人体工学角度选择的数值只能是各国的通用标准值，并且有一定的调整范围，称为"偏差值"。这个偏差值必须考虑到具体设计中不同的工作角度和男女通用的条件。比如一个脚踏板是根据人的平均身高设计的，只有身高大于平均身高50%的人的腿才能到达脚踏板，其他50%的人的腿达不到那个脚踏板设备。所以这个设计并不是一个好的设计。而好的设计应该让更多的人感到适用，即应该考虑90%、95%或99%的人，只应排除10%、5%或1%的人，具体应该排除多少百分比，要从后果严重程度和经济可行性两方面来选择。

2.位置

位置描述的是人在室内中的"静点"。静点的确定与个人或群体的生活习惯以及工作习惯密切相关。当然，这也取决于视觉的"定位"，这关系到人们的心理感知。比如，在家里客厅的装修设计中，有的家庭愿意把客厅沙发区放在客厅的内端，有的家庭喜欢把沙发区放在客厅的中间，因人而异。另外，静点也有它的相对性，如在厨房里它的静点不是一个。烹饪时，它是炉子前一个安静的地方。在这个位置，根据工作特点有相应的刻度规格。洗涤时，水池的前面则变成一个静点。此时，根据洗涤过程的特点，有相应的尺度规格，如台盆的高宽以及水龙头的高低等。

3.方向

这里的方向是指人的"运动"。运动受生理和心理两方面的影响。比如，人们在写字的时候，主要的方向是朝向光线，这会影响室内桌椅的方向和位置；人睡觉时要背对光线和自然光，所以床的摆放，要考虑到窗户的距离,还要考虑室内光线的强弱。

二、小型建筑室内空间的结构改造

由于新功能和视觉效果的需求,室内设计师经常面临对原有建筑结构进行改造的问题,这不仅仅是艺术效果的问题,要妥善处理这些问题,需要选用合理而精巧的技术手段。结构改造方案的过程和内容如图 2-2。

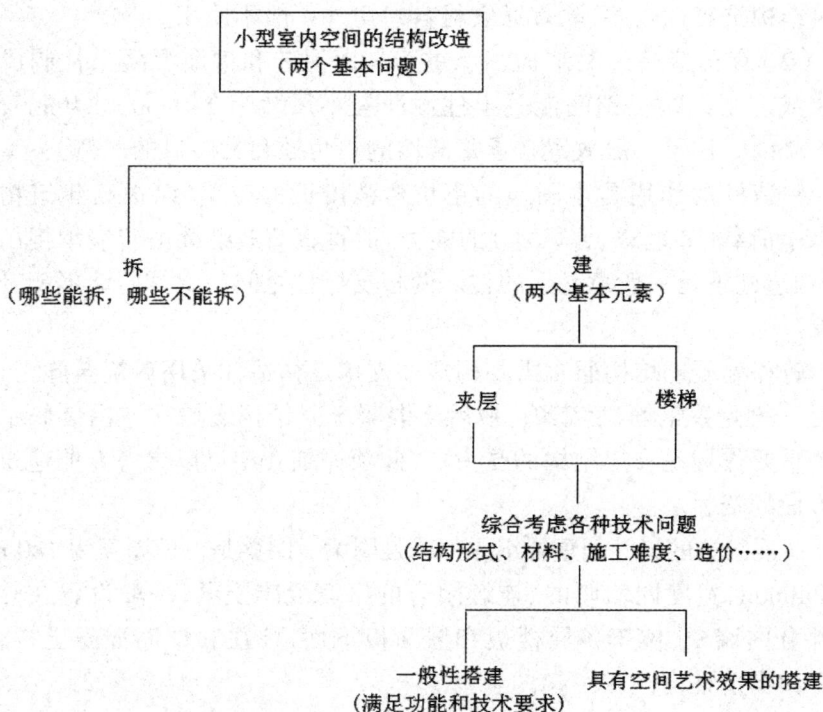

图 2-2 结构改造设计的过程和内容

国内小型建筑空间主要有以下两种常见结构形式。

(一)砖混结构

砖混结构是由砖和钢筋混凝土共同支撑的建筑结构。黏土砖一般用于建造墙壁,钢筋混凝土一般用于建造地板、屋顶、梁、柱和楼梯。

标准实心砖为 240 mm×115 mm×53 mm。

砖墙有两种常见的砌筑方法,即二四墙(也称为"砖墙")和一二墙(也称为"半砖墙")。二四墙主要用作承重墙,一般情况下,未经专业技术人员静力计算,不能随意开孔、深横沟和进行拆除工作。一二墙主要用作隔断,可以拆除。

砖混结构一般分为以下两种:

(1)无构造柱砖混结构。承重墙是完全由泥砖建造的单层或多层结构。这种结构常用于老式的多层城市住宅、中小学和农村住宅。这类建筑结构抗震性较差,除普通农村自建房外一般不使用。

(2)有构造柱砖混结构。承重墙是由泥砖和钢筋混凝土柱制成的单层或多层结构。钢筋混凝土柱截面最小尺寸为 240mm×240mm,仅埋入墙内。柱子一般放置在承重砖墙的拐角处和大门口的两侧。

构造柱的作用是牢固地约束抗弯强度低的砖墙,以提高建筑物承受水平荷载(如地震、台风等)的能力,而垂直荷载继续由砖墙承担。因此,构造柱不是一般意义上的柱。两根支撑柱之间的支撑砖墙不能轻易拆除。

砖和混凝土结构通常需要构造柱支撑。构造柱采用后浇筑施工,施工时一般先系钢筋,后砌墙,最后浇混凝土。结构支撑在室内装修中的一个重要作用是夹层结构的受力点,此项详细介绍可以参考专业建筑设计方面的资料。

砖混结构的另一个重要组成部分是圈梁。圈梁是一道厚度为 180 mm 或 240mm、宽度同墙厚的、连续闭合的钢筋混凝土梁,一般设置在外墙和部分内墙中,位于各层楼板和屋面板下面,往往和钢筋混凝土楼板、屋面和构造柱浇注在一起。

圈梁的作用是和构造柱一起形成空间骨架,提高建筑的抗风、抗震能力。

(二)钢筋混凝土结构

钢筋混凝土结构是指完全由钢筋混凝土承重的建筑结构,一般用在高层、大跨度和级别较高的建筑中。

普通民用建筑的钢筋混凝土结构一般分为以下三种:

(1)剪力墙结构。承重、抗震、抗风的墙体用钢筋混凝土浇筑而成,其余墙体用砖或砌块填充。砖或砌块填充墙可以被移除。

（2）框架结构。框架结构建筑的竖向荷载由钢筋混凝土柱承担，墙体均为可拆除的填充板。

（3）框架剪力墙结构。在框架剪力墙施工中，荷载由钢筋混凝土柱和剪力墙共同承担，其余墙体为填充墙，可以被移除。

还有其他的建筑形式，如钢结构、木结构等，这里就不一一介绍了。

三、室内给排水系统

水是人类生活中不可缺少的物质。无论是住宅建筑还是其他用途的建筑，供水和卫生都是室内设计师必须考虑的问题。

（一）室内给水系统

室内环境供水系统的任务是将城市水管（或自备水源）的水输送到各种供水水龙头、生产单位和消防设备等室内用水点，满足个人的需要。用水点有水质、水量、水压要求。常见的供水方式包括水渠直接供水、蓄水池供水、压力泵供水等。

与室内设计密切相关的是与用水相关的主要设备，包括水槽、洁具、热水器、阀门（水龙头）、供水管道、储水箱等。室内消防给水设备还包括室内消火栓、消防水箱、雨淋洒水器和水幕系统。

（二）室内排水系统

室内环境排水系统的设计不仅要快速、安全地将污水和废水排放到室外，还要减少管道内气压的波动，使其尽可能稳定，防止因水分离器和封水系统受损坏而导致来自室内排水管的有害和有毒气体进入房间。室内环境排水设施还与污水的种类和处理方式有关，如工厂、实验室等排放的污染物，需要进行特殊处理，不同的污水和处理方式需要不同的设施、施工和安装方式。

主要排水设备包括各种室内机的排水立管、雨水排水管、污水处理池等设备。室内设计必须充分考虑这些设施的安装、使用和维护的必要条件。例如，当直排水管的长度达到一定标准时（当长度为管道长度的

300 倍时),必须设置检查井,以方便检查和维护;各种排水装置必须安装水封或除臭阀,以隔离排水管道的异味和害虫。

四、室内通风设备

室内空气处理机组主要用于过滤室内空气以改善室内空气质量。

室内通风装置可分为"自然通风"和使用送风机和换气扇的强制通风两种方式。通风设备主要有螺旋桨风机、离心风机、厨房风机、空调风机等,它们的性能、功能和使用位置各不相同。

螺旋桨风机需要安装在墙上,与外界相连,风量大、噪声低、耗电少、价格低、安装方便、清洁维护方便。但它的安装占用墙体,影响窗帘、家具等设备,而且还需要一个大型的室外空气桶,破坏了建筑的美观。离心风机安装在天花板上,室内空气从天花板输送到室外。外墙排风口采用弧形抽油烟机头和管状风道,小巧精致不显眼,不影响建筑美观。厨房风扇安装在厨房灶台上。局部通风法只是局部通风,燃烧产生的废气难以排出。因此,需要将局部通风与整体通风相结合。空调换气扇的安装方式有墙面埋入式、壁挂式、吸顶式等,可根据室内环境特点和安装条件选择类型。

五、室内环境装修

(一)室内环境装修设计的要素与处理手法

界面形态变化是空间造型的基础,两种界面不同的过渡处理形成空间关系。由于室内界面形式多样,房间位置不同,需要不同的过渡方式来处理。

材质的纹理修改是界面处理最基本的方法。利用光和灯光投射界面,形成不同的光影关系,成为营造房间氛围的主要手段。质地越细,对光的感知越强,界面的色彩亮度越高。具有不同纹理的表面在照明时会产生不同的视觉效果。

在界面处理中,颜色和图案取决于纹理和颜色的变化,不同的颜色和图案赋予不同的界面不同的装饰特征,从而影响整个空间。

在室内,颜色的变化与纹理密切相关。由于天然材料的限制和内饰表面颜色的中性色调,一般的内饰颜色总是处于一个更加微妙和饱满的高亮度色系,纹理一般倾向于哑光系列。

界面的变化和层次是根据结构、材料形式、纹理、光影、颜色和图案等元素的有意义排列形成的。

(二)室内环境设计安全

室内环境装修的安全主要涉及建筑物内部的天花板、墙壁和地板的安全以及与这些部位直接相关的固定家具、壁橱、壁柜、天花板、洁具、厨具等的安全。在对原有建筑的室内外环境进行建设、改造和扩建时,很容易产生上述方面的安全问题。

1. 室内天花板的装修

在室内设计中,天花板经常使用吊顶技术。吊顶有轻钢龙骨石膏板吊顶、矿棉吸音板吊顶、镜面玻璃吊顶等。这些吊顶不可避免地增加了楼板或屋顶的荷载,对大跨度结构屋顶或楼板的承载能力产生较大的影响。

谈到室内的地板或天花板时,主要考虑以下几个方面:

(1)吊顶吊杆与楼板、屋顶与吊杆或龙骨的连接强度。

(2)如果吊顶采用石膏板和吸音板,加上钢网、岩棉保温层等,吊顶的荷载会更大。此时应检查地板或屋顶的允许承载力。

(3)对于大跨度支撑结构的屋面,还必须校核屋面梁或屋架的承载能力。

(4)吊顶虽然能满足楼板和屋面的受力要求,但也应考虑到吊顶的变形,以保证视觉上的稳定感。

(5)大型吊灯、水晶玻璃灯、吸顶式空调等电器较重,应考虑其吊杆和吊点的安全可靠。

(6)石膏板吊顶在布置轻钢龙骨间距时,一定要注意保证石膏板的跨度不要过大,尤其是室内容易受潮的房间,如浴室、厨房等。

(7)穿过天花板的风管不得挂在轻钢龙骨石膏板的悬吊上,必须另装悬吊。

(8)在天花板上安装栅式灯时,对因安装而被切断的天花板龙骨应采取加固措施。

（9）天花板内的通风管、上下水管和洒水管，有时因天花板高度有限，不得不走在地板或屋顶之下。这时必须注意梁高、风管或上下水管。通过梁中心时，一般在梁高中心预留一个孔。穿过梁端时，应尽量减小开口尺寸或孔高。

（10）如卫生间房顶采用轻钢龙骨，饰面应采用防水石膏板或其他防水板。

2. 室内地面的装修

在室内设计中，墙面常采用大理石、花岗岩、瓷砖、琉璃瓦、木墙板、木线条、喷漆等饰面，需要开窗。这些做法不可避免地增加了墙体的应力，甚至改变了墙体的受力状态。

（1）室内环境的内墙装饰

在装修内墙和室内环境的墙壁时，必须考虑以下几个方面：

①对于非常高的墙壁和柱子，如表面为大理石，大理石内表面必须用铜丝和固定在墙壁上的钢网牢牢钩住，在大理石与墙壁的缝隙中浇注水泥砂浆。

②在防水石膏板和珍珠岩石膏板墙的轻钢龙骨墙体上固定水暖、洁具等重型构件时，必须用金属卡钉加固。

③在支撑砖墙上开槽开孔时，必须注意保证墙体的稳定性和可靠性。对于垂直和水平凹槽，370 mm 厚的墙壁凹槽的深度不应超过 12 cm，对于 240 mm 厚的墙壁，深度不应超过 6 cm。对于钢和混凝土墙，凹槽的深度不得超过墙的混凝土覆盖层的厚度。如果管道是埋地的，则必须使用素混凝土将沟槽密封严密。钢筋混凝土墙的门窗洞口，应在洞口周围设置加固措施。

④旧房改造工程，每块待拆除的支撑墙都需要在墙的顶部用横梁加固。钢筋混凝土墙板一般不能拆除，拆除时必须做好防静电工作，并采取可靠的加固措施。在楼板顶部添加新墙时，必须检查楼板或托梁支撑的承重能力。

⑤轻钢龙骨石膏板墙体在湿度大、无地下室的一楼使用时，应在地板与墙体的交界处做混凝土或砖砌防水脊，踢脚板要一致，轻钢龙骨石膏板墙是用在屋脊上的。如果卫生间隔断是用轻钢龙骨做骨架的，外表面一定要用防水石膏板。

⑥对于地下室外墙布的软包墙，必须在砖墙上加一层防潮层，其次

是木龙骨和木胶合板。

（2）室内环境的外墙墙面装修

在装饰室内环境的外墙和墙壁时，必须考虑以下安全方面：

①外檐的装饰装修设计必须考虑建筑物的承重能力，包括外墙本身的强度、支撑外墙的悬臂梁、建筑物的梁板柱体系等。

②在地震区，必须根据抗震要求限制或加固女儿墙的高度。

③在栏杆或屋顶上安装广告牌、霓虹灯和大型电视广告时，必须考虑风的影响，并安装可靠的支架。

④石材外墙、玻璃外墙等表面必须考虑到风的影响，保证能承受大风带来的吸力和压力，尤其是在沿海地区。

⑤对于花岗岩砖等包层材料，必须注意保证其与墙基的附着力，尤其是面积大、重量大的材料。一般在墙上铺设钢格板，用钢丝和花岗岩等砌块钩住，在缝隙中灌入水泥砂浆或用脱模剂黏合，以加强砌块与基层的附着力。

⑥大型浮雕、花饰等砌块必须通过膨胀锚杆、焊接预埋钢板等措施与墙体牢固连接。

⑦对于轻钢结构和铝合金制成的遮阳篷，必须考虑抵御强风的能力。

（3）室内楼、地面的装修

在室内设计中，地板和地面的装修一定要考虑安全性，主要是地下室和负重等一楼的地面和底层。

①楼、地面上开洞、开槽的安全问题。在室内设计中，地板上的孔都是开的，开槽很容易损坏地板。如果需要打孔，通常应在两块地板之间的接缝处开孔。对于较大的开口，必须采取一定的加固措施。地面一般不允许有凹槽，未开槽的深度只能凿到地面上覆层和衬板的底部，否则地面可能会开裂。

②改变墙体位置的安全问题。在室内设计中，对于墙体位置的改变，特别是在地板上增加实心隔板，必须考虑地板的承重能力，并采取加固措施。如果只使用轻钢龙骨石膏板墙，通常可以根据需要改变其位置。

③改变房间用途的安全问题。在室内环境规划中，空间的使用经常发生变化，必须考虑地板甚至横梁和支架的承载能力，还要根据地板所受荷载的变化来考虑是否采取加固措施。如果需要在原有屋顶上加一

层,不仅要检查整个建筑的结构,还要考虑屋面板的承重能力。如果需要对柱、墙的梁和牛腿进行加长,并在其上制作外墙、玻璃幕墙、女儿墙等,还应考虑梁和牛腿的承载能力。

第三章 室内空间设计

室内空间设计是人们根据建筑的实用性和环境,运用材料工程手段和建筑美学原则,对建筑内部进行合理规划和再造的活动。其目的是创造功能合理、舒适美观的室内环境,满足人们的物质和精神需求。本章将对室内空间设计的相关内容展开论述。

第一节　常见的基本空间形态

室内空间形态的类型比较多,从不同角度和着眼点分类可以将其分成很多类型。下面将主要从以下几个方面进行论述。

一、从个人使用上来分

(1)共享空间。它是美国著名建筑师约翰·波特曼根据人们交流的心理需求所提出的。共享空间主要表现为几个连续的室内空间与给定空间的连接,代表多个空间共享一个空间,是公共空间的一种形式,常用于商场等大型公共建筑和交通枢纽。在公共空间的设计中使用山水、树木和花卉等自然元素是许多设计师善用的一种表达方式。

(2)私人空间。私人空间是一种无论谁在其中活动,都无法被外界注意到和观察到的空间形式,如餐厅包房、KTV 包房、影剧院包房等。住宅相对于办公空间是私人空间,而住宅的客厅是家庭成员的活动空间和访客接待区,属于家里的公共空间,卧室和书房是私人空间。

二、从使用功能上来分

(1)公共空间。公共空间是指社会成员可以共享的开放空间,如家庭客厅、体育馆、剧院等公共活动中心,火车站、机场等交通枢纽,酒店大堂、写字楼大堂、商场中庭等空间。

公共空间的类型很多,这里列举酒店这一类型,并简要说明空间的功能设计和展示设计。酒店空间设计一般分为四个部分。

第一部分是酒店大堂。酒店大堂是酒店出入口,具有接待游客,提供接送服务、导游服务、临时金融服务等基本功能,因此空间设计会充分考虑各个功能所需的服务空间、封闭空间设计。同时,酒店大堂的设计代表了整个酒店的层次和外观,因此,外观、家具、材料选择和灯光等具体设计问题必须协调一致,与酒店的整体水平和特点相一致。

第二部分是客房设计。客房是旅客可以休息的地方,因此更加独立。设计时应注意其封闭性和安全性,同时预留足够的设备设施空间。在功能上,应尽量满足人群的各种需求,同时考虑家具设计的标准化,适合酒店和客房服务的综合管理。当然,客房的设计也必须个性化,在满足旅客正常休息和使用的前提下,尽量为旅客提供具有鲜明特色的清爽生活空间。

第三部分是用餐区。作为星级酒店,独立的用餐区是必不可少的功能空间,其设计应与酒店的整体水平和特色相一致。有条件的酒店还会设计多种餐厅风格,以满足不同游客的需求。

第四部分是服务室。作为酒店的服务区,它的功能非常具体。在设计综合空间布局时,需要根据其具体面积预留合理的面积,同时还要考虑到一定的服务位置。

(2)专属空间。专属空间是指专门为特定人群服务或使用的空间,如根据工作类型和使用类型,有会客厅、财务室、复印室、录音室等专属空间。针对服务对象不同,有不同用途的专属空间,如婴儿房、盲人按摩室、残疾人卫生间等。

三、从界面形态上来分

(1)封闭空间。封闭空间是建筑元素中由天花板、墙壁和地板围成的独立空间。这些空间界面中使用的材料都不是半透明的。空间比较完整,防水性强,有一定的隔音隔热效果,视觉上完全独立。这样的空间让人感觉安全、稳定和私密,如办公室、资料室等。

封闭空间具有强烈的安全感、领域感和隐私感,其空间封闭的强弱取决于使用功能的需要。有的空间对视力和听力有很高的要求,如放映厅的空间,不仅要考虑视线的遮挡,还要考虑吸音和隔音功能。有的空间对私密性的要求特别高,如会议室隔音比较好,隔断可以用玻璃等透明材料来增加观看面积。

(2)开放空间。开放空间和封闭空间是相对的术语。开放空间是指空间约束和私密性较小的空间,又称"开敞空间"。开放空间的封闭面多为开放、透明的虚拟面,限制性和私密性较小,强调与环境的交流和渗透,在视觉和听觉上与周围空间有直接的联系。开阔的空间给人一种轻松、活跃、流动的心理感受。

开放空间通常分为以下两种形式：

①内部开放空间。它通常指将蓝天白云、明媚的阳光、山石水景、花草绿植引入室内建筑的庭院。内部开放空间普遍具有浓厚的自然气息，表达了现代人向往自然、与自然和谐相处的理想境界。许多高档酒店、商业商店、餐饮和休闲设施都采取内部开放空间设计的形式。

②外部开放空间。外部开放空间是指横向界面的一侧或多侧，通过玻璃或窗孔对外界透明，有的甚至用玻璃形成开敞面，将外界景观带入内部，使内部和室外空间相结合。

四、从空间的确定性上来分

（1）实体空间。它是指界面清晰、周界清晰、地域感强的空间。实体空间的围合面一般采用密封性强、透光率较低的固体材料。实体空间的私密性和安全性是强大的，而且往往与封闭空间密切相关。

（2）虚拟空间。虚拟空间是指内部构件与装饰元素关联形成的心理空间。它不受高度约束，经常出现在大空间中，但具有独立性和领土感。通常，虚拟空间是由家具、固定装置、梁、柱、屏风、绿化、水体隔断，或灯光、色彩、材料的差异，或天花板、楼层高度等的变化形成的虚拟空间。

（3）虚幻空间。虚幻空间是指镜面玻璃或其他镜面材料反射产生的虚像空间。虚幻空间创造了扩展空间的视觉效果。在空间设计中，立体空间的错觉有时可以通过多个镜面的折射来表现，将不完整的形式变成完整的错觉。

五、从空间的心理感受上来分

（1）动态空间。动态空间是指在建筑中利用某种元素或造型形式，营造人的视觉或听觉的运动感。动态空间可以分几个层次来理解，大体上可以分为三种。第一种是利用物体的旋转运动和图像的不断交替来形成一个真实的动态空间。[1]第二种是利用人的视觉心理和视错觉，用点、线、面、立体、色彩等视觉感知来表达动态效果。第三种是通过窗帘、

---

① 如利用电动扶梯、喷泉、瀑布、灯光的变化及引入流动的空间序列形成的真正意义上的"动态"空间。

屏风等物体的自由伸缩来改变空间大小的弹性空间,这也是一种动态空间形式。

（2）静态空间。静态空间是相对于动态空间而言的。静态空间限制性强,趋于封闭;多采用对称和纵横型,很少采用斜向和流线型的空间界面处理方式;空间的色彩比较优雅和谐,很少使用对比色彩;光环境设计更柔和、眩光更少;装饰简单。

（3）公共空间。公共空间是许多人可以一起移动的空间,如商场、餐厅、报告厅等。公共空间通常视野开阔,空间开阔,有公共设施。

（4）感性空间。感性空间是一个可以激发思维的空间,它没有特定的形式和内容,是一个附属于整体空间的子空间,如美术馆中间的空地,博物馆里的座位,等等。除了视觉展品外,展厅里的人们大多体验情绪波动,人们需要一定的时间和空间进行沉思和感知,有时也需要平息自己的兴奋。感性空间是基于人类心理需求的分类,没有明显的空间属性,对表征没有特殊要求。它是一个融入包容性空间的局部空间。

六、从空间结构上来分

（1）支撑墙和梁板结构系统。这种建筑结构主要是用梁柱来支撑和传递荷载,一般适用于公共空间和高层住宅建筑。

这种结构体系主要由墙柱和梁板两种基本结构构成空间。墙柱是形成空间并支撑垂直压力的垂直平面。梁板形成水平空间平面并承受弯曲力。其特点是墙体本身不仅围合了空间,还承担了屋顶的荷载,从而兼具了承重结构和维护结构的两项任务。正因如此,这种结构的空间不可能获得很大的室内空间,所以一般适合作为生活空间。但由于空间不能灵活自由划分,一些需要更复杂功能的空间往往不会采用这种结构。这种结构所形成的居住空间由于其建筑结构特点,在室内设计中将具有特殊的优势。

（2）大跨度承载体系。其中包括桁架结构、钢架结构、壳结构、悬索结构等。这些结构的形状极为丰富,不仅适用于方形和圆形平面建筑,还适用于三角形、六角形、扇形和不规则的建筑,其广泛的适用性,为建筑空间形式开辟了多种可能性。

（3）悬挑结构体系。就屋顶的形象而言,悬挑结构只需在一侧设置柱子或支架并向外延伸,就可以将空间的周边设计成一个没有阻碍的开放空间。例如,体育场看台上部的遮阳篷和候机楼上部的遮阳篷大多采用这种结构。

（4）日常生活中比较常见的框架结构体系。其最大的特点是承重骨架与分室幕墙的清晰分离。对空间的影响是室内空间可以无限开放,墙位设计非常灵活,空间变化相对自由。现代建筑以多种方式灵活构建空间,既适应了复杂多变的空间需求,又实现了"流动空间"的空间形态。此外,空间外立面的处理和门窗的开启方式也发生了新的变化。这为室内设计的灵活性奠定了良好的基础。

七、从分隔手段上来分

（1）固定空间。固定空间通常是指在环境中具有特定位置的空间,这类空间在设计时就已经确立了其功能定位,通常被承重墙包围。

（2）灵活空间。灵活空间是指可以灵活管理,满足不同功能需求的空间。灵活空间大多通过滑动隔断、天花、地板等来展现其价值。活动隔断可以灵活地将空间划分为几个小空间,以满足不同的需求。例如,酒店宴会厅可根据需要改造成多个场地或多个带隔断的包房。活动天花板和地板可以通过机械装置升高或降低,从而改变空间的大小和空间的形状。如抬高或加长舞台,可满足服装演出、综艺演出的各种需求。

灵活空间是当今最流行的空间形式之一。灵活的空间可以满足现代人新的心理和经济规律,满足社会不断发展变化的需要。除电梯、卫生间、管道井等固定空间外,其他空间可根据需要灵活布置,满足不同功能需求。

八、从使用性质上来分

（1）商业空间。商业空间通常指以营利为目的的场所。根据其规模的不同,可以大致分为大型综合商业区、中型商业区和小型商业区。对于商业空间的设计（图 3-1）,要根据经营的层次和商品的种类进行综合的分区规划,再根据各区的具体商品特点进行详细规划。与众不同、独特是商业空间的设计理念,只有能够吸引人们的空间,才能带来更大的商业利益。

大型商业空间通常具有综合功能,往往集购物、休闲、娱乐和餐饮于一体。大型商业空间通常有比较明显的中庭空间作为交通枢纽,它同时也是空间结构的重要连接元素。

图 3-1　商场空间设计

中小商业区销售的商品通常种类单一,个性化程度高,很少有餐饮、休闲等次要功能。室内商品陈列密度较高,设计以商品销售为主,人流空间有限,能够满足室内普通行走的需要。此外,由于总面积有限,室内景观和休闲区通常不予设计。

（2）居住空间。居住空间是人们生活中最常见的空间形式,是现代人生活的基本空间。现代生活空间大致分为公寓房和别墅房（图 3-2）。其中,公寓房形状比较简单,总面积有限,多见于一般人群聚集的城市中心区。别墅空间受居住者经济状况和工作方式的影响很大。

图 3-2　别墅设计

九、其他类型

（1）平台空间。它是指由活动地板边缘划分的空间。平台上有限的空间与周边空间相比非常突出醒目，具有居高临下的优越感和更好的展示效果。

（2）标新立异的空间。它一般是指建筑形式相对自由、空间变化丰富的室内空间。它通常在大型公共场所更常见，如商场、展厅等。空间立面和层次的不规则变化，使内部视觉层次更加鲜明，交通流线设计也更加多变。

（3）结构空间。结构空间是指通过外部结构塑造强烈的形式感，形成具有象征意义的空间形式。结构空间的界面形式主要有贝壳结构、充气结构、帐篷结构、格子结构等。网架结构形式因其可拆卸和可重复使用的特性而最常用。

（4）复式空间。复式空间是指包括大的内部空间和小空间的空间。复式空间可以丰富空间层次，提高空间利用率。

（5）完全自由空间。这类空间几乎不受建筑界面的限制，甚至没有明显的天花板、墙壁和地板界限。室内和室外的界限也是流动的，主要用于艺术室内设计。

第二节　室内空间的组织设计

一、室内空间的组合方式

在进行室内设计时,设计师应根据一般功能需求,分析居室各部分人的行为状态和心理需求,分清主次,区别对待,选择合适的组合形式,并适当布置空间隔离,形成不同的空间群。常见的室内空间组合包括以下几种:

(1)包容式空间。在一个大空间中,利用物理或符号的技术来围合和定义多个不同大小的空间,并在定义的空间与原始空间之间形成嵌套关系,即体积较大的空间换成体积较小的空间,又称"母子房"。

(2)穿插式空间。指两个边界强的空间在水平或垂直方向上部分重叠,但原来的两个空间仍然大致保留了各自的边界和完整性。重叠程度的差异以及重叠部分与原始空间之间的透明关系形成以下三种情况:

共享:重叠部分由两个空间共享,分离界面可选,两个空间的分离感较弱。

主次:重叠部分与空间有淡淡的分离感,可以看作是融合的,因此,在另一个空间有很强的分离感的同时,这个空间缺乏重叠部分的空间。

过渡:重叠部分保持独立,与两个空间有很强的分离,可以看作是两个空间之间的过渡空间,相当于两个空间原有形态的变化,在中间插入另一个空格。

(3)邻接式空间。空间中各种组合关系最常见的形式是邻接。每个相邻的空间都有明确的定义,并以自己的方式满足独立的功能要求或表达独立的象征意义。

(4)由过渡空间连接的空间。连接两个空间的过渡空间可能与它所连接的空间在形状、大小和朝向上不同,表达一种联系,也可能是一系列大小、形状相同的空间连接在一起,形成一个线性的空间序列。过渡空间可以是线性的,连接两个相隔一定距离的空间,也可以是一系列不相关的空间。如果过渡空间足够大,则可以成为主导空间,起到相互兼容和形状过渡的作用。

二、室内空间的组织形式

（一）平层空间形式

根据人们的行走习惯,可以把层次上没有高差的空间称为"平层空间"。平层空间是最基本的空间形式。平地的优点是家具的布置不受空间地面条件的限制,可以随意摆放。在整个空间中,功能和流通区域是由家具和陈设的放置来定义的。这意味着可以通过移动家具和陈设来灵活改变空间的功能。另外,由于地面的高差没有变化,人们的行走非常随意,这也意味着一定的安全感。大多数生活空间都采用这种空间形式。

空间的平面图形状还必须考虑空间的大小和形状。大多数室内设计,形状多为长方形,这是受空间功能和空间内人的行为习惯影响。例如,教室一般采用矩形空间,有利于更好地避免眩光和声音传导。室内健身房是根据特定的运动项目设计的,以塑造空间的大小和形状。再比如幼儿园的空间,考虑到孩子们活动的灵活性,空间会有一些不规则的形状,面积也会有很大的差异。最常见的居住空间受家具尺寸、使用习惯、窗户朝向等特定因素的影响,基本保持方形和长方形的空间形态。

通常,长方形空间更适合没有高低差的空间形状。长方形空间是最为人熟知的空间造型,人们在长方形空间里自然会感到轻松和安全。在这样的空间里,人们的活动比较自由,所以在这样的空间里,高低差常常让人觉得自己的舒适度受到了严重的限制。相比之下,剧院、展览空间等由于其空间形式的特殊性,往往具有丰富的高度差异。这样一方面增加了人们的空间印象,另一方面也是为了更好地传递信息。

除了人们的习惯因素外,还有一些空间原则上需要呈矩形。比如天文馆、手术室、仪表控制室等特殊空间,受其具体的功能条件限制,在空间的造型和高差方面都有非常特殊的设计要求。

当然,也有一些空间功能对空间的形状和高度差没有具体和严格的要求,如健身房、工作室等。在这种情况下,设计师的任务之一就是适当地加强室内空间的形状变化,以使空间在视觉上更加灵活。

材料的均匀性更好是平层空间的另一个特点。在没有高低差的空间里,更容易铺好地板,营造出平整、均匀的效果。由于不涉及拐点施工技术和路堤施工技术,因此更容易使用统一的材料进行地板的设计和施工,以达到统一的效果。

在具体的设计中,地板可以根据具体的空间效果进行设计。在面积有限的情况下,每个相连的功能空间的地板设计采用相同的材料,使空间区域呈现出一种膨胀的感觉。通常,这种技术用于生活区。一般来说,居住空间比较有限,使用统一的地面铺装,不仅可以在视觉上扩大面积,还可以为人们的场地打扫和管理创造更便利的条件。相反,对于一些面积较大但功能复杂的空间,可以通过改变地面材料,人为地进行区域的划分。例如,针对餐厅内不同的就餐区域,可以通过改变空间界面的装饰特征来实现变化。

（二）室内外一体空间

根据建筑形式的不同,有时可以将室内和室外空间结合起来,创造出更丰富的视觉空间。在地理气候条件的前提下,会有一部分室内空间向外延伸,或者庭院空间延伸到建筑室内空间。这类空间往往具有丰富的自然气息,更适合特定的个人生活环境和一些公共场所。

人们对自然的欣赏和追求,远不止体现在对室内空间的追求上。如果说室内是人们生存必须选择的物质场所,那么室外就是满足人们与生俱来的精神需求的场所。大自然给人们带来的放松和愉悦是其他事物无法替代的,所以人们自古就喜欢庭院。但是随着现代城市的发展,四合院已经成为大多数人无法企及的奢侈品,因此,在一定条件下,人们将四合院的元素引入室内空间,利用一些空旷的空间,将室内外生活融为一体。这不仅可以提高室内的视觉效果,还可以调节室内的光照和湿度条件。

绿化不仅可以改善室内气候,而且在心理上给人一种清新舒适的感觉,适合大气的空间设计。但需要注意,只有精心改造的绿化环境才能为人们提供舒适优雅的视觉体验。同时,在室内外一体化空间的设计中,始终要强化安全防护设计的理念,安全防护装置不能缺位,也不能过于显眼,因此要在室内引入适当的安全防护系统。正因为空间不是完全封闭的,所以在设计的时候必须更加注重功能设计和视觉设计的综合效果。

（三）立体空间形式

1. 垂直多层空间

在多层室内设计中，楼梯通常是连接各个楼层的重要建筑元素。虽然每个楼层面积都属于同一个整体空间，但功能、结构和视觉体验却不同。

从功能上讲，一个整体空间分为若干层，每一层都有特定的区分功能，能分散人的特定功能。每一层的空间都保持了彼此的完整性和独立性，既可以参与集体交流，又可以保留隐私的独立空间。

楼梯在室内设计中不仅是连接多层空间的建筑构件，也是室内设计中重要的功能和视觉构件。楼梯本身也是一个特殊的空间，除了基本的运输功能外，还可以作为家具和室内物品的一部分，具有一定的装饰效果。此外，楼梯间还可以作为支撑室内空间视觉设计的一种手段，起到分隔空间的作用。通过楼梯与墙壁、楼梯与家具等的结合，可以创造出一个别出心裁的视觉空间。

当然，楼梯间的用途是多变的，甚至可以融入家具的室内设计，让楼梯间不再是单一的交通部分。此外，楼梯的尺度也可以根据室内空间的整体效果而变化，在不同层高的空间里，楼梯的角度和尺度要求是不同的。总体来说，几层之间的连接楼梯比较规整，比例基本按照室内设计规范设计，而半层连接楼梯形象丰富，可以根据环境灵活变化比例。

2. 下沉空间

下沉空间代表了室内的一部分，地板略低于室内的整体地板，在空间立面上形成了一个小的高度差。高低差之间的连接通常由一到三个台阶组成，也有个别空间的高低差直接由坡度连接。

下沉的空间在视觉上让空间充满了变化。相对于平底，降低的空间通过改变设施的高度，会给人们带来与平地不同的视觉体验，同时降低的空间也增加了空间的吸引力。

下沉空间在空间上的定义更加清晰。相比平房，下沉房的行动限制更为直接。平面空间的功利性和循环功能往往由家具和固定装置的放置来定义，而下沉空间与地面的高度差异很大，高度差异本身就是约束人们行动的重要手段，所以行动空间的限制更加清晰。

在设计实践中,我们往往根据改变下沉空间的高度差可以加强空间区域划分的特点来进行空间的区域界定。尤其是在设计中,空间必须明确划分。例如,在设计公共空间时,往往会出现降低的空间或上升的空间。这种方法不仅使空间本身充满变化,而且加强了空间的区域性。它的优点是在服务方面易于管理,视觉变化丰富。让我们以餐厅设计为例来说明这个问题。一般来说,美食区应根据不同的用餐群体进行划分,最常见的座位组是团体座、四人座和两人座。除了家具的大小和形象不同外,这些区域在空间设计上也需要多变,而地板的下沉有助于划分空间内的区域,再结合其他的空间划分方式,可以让空间变得更多样。

下沉空间有时直接以斜坡的形式呈现。与踏步连接不同的是,行走时对坡度的限制较少,安全性更高。连接下沉区的坡度边界条件当然是下沉高低差不能太大,路堤设计也要非常平缓。

总之,下沉空间的具体尺寸和连接方式要根据使用者的具体需求和空间的整体情况综合确定,同时结合空间的家具陈设进行设计。

3. 上升空间

以整个室内的基础高度为基准,将部分凸起空间称为"凸起空间"。上升的空间根据楼层的高度产生丰富的视觉效果。一般分为不需要台阶连接的上升室(又称"低台室")和由一到三级台阶连接的上升室(俗称"高台室")。上升空间仅限于地面局部使用,在施工工艺设计中往往优先考虑凸起部分的安全施工。

上升空间和下降空间本身是相对的,有时空间的层次差异会发生变化。从一个角度来看,某个区域已经下跌,而从另一个角度来看,同一区域也可以定义为上涨。因此,上升空间与下降空间相同,对视觉、功能和行为限制的影响相同。

为了强调走在地板上的安全性,突出变化的痕迹,有时会在地板设计中特意使用不同的材料和不同的色彩,以更好地区分。通常用于相对开放的空间,这种做法的好处是能够丰富室内空间的感觉,同时也使功能更清晰。另外,改变公共空间的地面材料,可以完善空间形象,提升设计感。

三、室内空间的序列

根据内部空间的具体使用方式,空间的每一部分在秩序、流动和方向上都有联系。设计师根据合理的空间顺序进行设计,形成空间节奏、空间过渡、空间主题以及空间终了的序列。

（一）流线

流线是人们通过空间的路径,即交通空间。流线连接着任何空间或空间的组成部分,是空间的骨架,影响着整个空间的形态。流线空间与连通空间的关系主要有以下三种形式:从空间旁边经过、从空间内部穿过、终止于一个空间。

交通流线的作用是满足人们在空间中旅行、停留、休息或赏景的需要,无论采用何种流线型,都应尽量避免人流的倒流。因此,一般假定为圆形流线布置。

（二）序列

序列是空间各部分按顺序排列的先后关系。为了强调空间主题或发展空间的整体形态,大量运用对比、重复、过渡、连接、引导等空间处理技术,将每个独立的空间单元组织成一个单元,并相应地变化空间排列和时间序列两个因素,使各部分有机地结合在一起。我们可以使用多种设计方法来形成空间序列。

（1）对比度和空间变化。通过空间和体积的对比,可以带来人的心理和情感上的变化,也可以结合空间开合、光影、虚实等进行对比。对比形状和方向,可以打破空间的单调。此外,层次对比可以丰富空间层次,增加空间的趣味性。

（2）空间的重复与再现。几乎所有的空间都包含自然界中可以重复的元素,并且在每个空间中重复使用特定元素,形成节奏感。一种或多种空间形态有规律地重复出现,空间效果简洁明了,具有统一感。

（3）空间的相互渗透和层次。在空间与组合的界定上,可运用象征性分离和局部分离的手法,上下左右相互渗透,运用"借景"手法,有效丰富空间层次,改变空间尺度,获得虚实并存的空间效果。

(4)空间的引导与暗示。空间本身具有方向性,如长方形的长边往往表现出通道的方向性;界面上连续且有方向性的图案、色彩、形状等也具有指引人们行进方向的功能;连接楼梯和坡道的不同空间也具有很强的空间定位功能。

此外,在设计空间的序列时,还应考虑空间之间的过渡关系;可以用一个小空间将两个空间连接起来,营造出自然的过渡效果。这种设计方式可以提升空间的整体感觉,在营造韵律美感的同时引起视觉收缩。在一个空间序列的转折点,一个小空间用来暗示另一个空间的存在,引导人们进入下一个空间,以保持空间序列的连续性。空间序列的组织可以运用过渡、重复、引导、对比等一系列手法,使人们在运动过程中体验空间序列的韵律和节奏。

四、室内空间的分隔与限定

空间是通过各种分隔和限定来使用的。空间有不同的分隔和划分方式,不同的分隔方式可以结合特定的房型和功能,创造不同的空间效果。

空间分隔的类型主要取决于空间所需的密闭程度,不同的空间功能有不同的密闭要求,如限制视觉、限制声音、限制气味等。同样的功能需求可以有不同的限制方式,同样的方式也可以有不同程度的限制。

空间分隔和划界的方法有很多,可以是立面围合的形式,也可以是顶盖的形式,还可以是空间立面和凹面的形式。空间分隔和限定有以下几种主要类型。

(一)绝对分隔

绝对分隔又称"通道隔断",是用砖或轻钢龙骨石膏板(填充吸音棉)、硅酸钙板、水泥板等各种固体材料将空间完全隔开。这种分隔形式界限清晰,私密性和隔离性强,可以达到隔离视、声、嗅等的目的。例如,KTV包房、酒店客房等功能空间一般采用绝对分隔的形式。

（二）部分隔断

部分隔断也叫"半隔断"，是利用隔断、非天花板隔断等方式来划分空间，分隔空间的界面只占空间边界的一部分。较高的家具或陈设品通常也用作部分分隔的手段。

（三）弹性分隔

弹性分隔是利用活动屏风、隔断、天花板、平台，以及家具、室内物品、绿化、悬挂物（窗帘、珠帘）等方式对空间进行分隔。这种分隔形式可以根据需要随时开合或移动，并且可以调节空间分隔，使空间的使用更加灵活。

（四）虚拟分隔

虚拟分隔是象征性的分离，主要是通过心理暗示利用非实体的局部界面形成域空间心理感。例如，利用吊顶造型、灯光、建筑结构（立柱、栏杆）、景观小品、水体、绿化、层高差、凸凹墙、装饰框、材料质感、色彩等手段，象征性地划定空间。这种分隔方式的局限程度比较低，空间界面比较模糊，主要通过人的心理作用和联想来感知空间的分隔。虚拟分隔很好地保持了空间的开放性和统一性。

空间的分隔不仅要考虑空间的特点和功能要求，还要考虑空间的艺术特点和人的心理需求。在具体的空间设计中，为了获得良好的空间分隔效果，往往会大量使用各种空间分隔方式，打造出符合设计需要的不同空间造型。

第三节　室内空间的界面设计

一、室内空间的界面设计原则

（一）功能优先的原则

设计应以人为本,首先考虑的是人的需求,整体设计和规模要符合人的习惯和标准。在居住空间上,要兼顾人们的舒适度和基本需求。在公共空间中,应重点研究人的功能空间需求和人在公共空间的基本舒适度。

（二）满足功能需要的原则

空间为人服务,人的需求是多样的,无论是生理的还是心理的,需要在设计空间时综合考虑人(使用者)的各种需求。

满足功能需求是室内设计最基本的要求,空间造型受到功能的制约,不同的内饰有不同的功能和空间造型。功能设计的内容是空间设计、交通路线、照明、陈设、通风和绿化设计等,与空间形式相关的内容是形态构成、尺度、色彩协调、材料效果、整体氛围等。室内设计只有满足了功能需求,才能进而使人感到心理上的满足。

不同的功能要求指定不同的空间属性,即功能决定空间,包括体积与规格、形式规范、定性要求。

体积规格体现在不同类型和功能的空间对容纳体积的大小和范围的不同要求上。KTV 包房及影剧院、研讨室及报告厅、住宅客厅及酒店大堂等空间,其空间高度及面积的体积差异较大。

形式规范体现在不同的功能区域对形式的要求不同。比如音乐厅和教室,虽然都有视听要求,但由于功能特点差异较大,因此空间形态存在较大差异。虽然很多功能空间对造型没有严格的特殊要求,但如果在使用上追求完美,就应该采用更合适的空间造型。例如,圆形空间适用于许多功能空间,如会议室、接待室和休息室,但不适用于教室。

定性要求反映在空间使用的质量上。其中包括交通流线的合理性,以及通风、采光、隔音、温湿度等方面的便利性。

综上所述,在设计空间时必须考虑不同的用户、空间活动的形式、质量和行为等各种因素,以满足空间的功能要求。

（三）符合审美的原则

人类对美的感知大部分来自视觉,也有一部分来自听觉、嗅觉和触觉。这些感官共同创造美感和愉悦感。这是创造美的过程。人类对美和愉悦的感知起源非常复杂,既包括艺术作品本身的普遍美,也包括人们自身情感共鸣的美。例如,一个美妙的空间本身可以让大多数人感到舒适和快乐,这是由空间设计和美学的合理性造成的,会让大多数人感到快乐。如果说另一个空间能够唤起人们的回忆或情感共鸣,那么或许空间本身的设计和装饰就不是那么重要了。此时,空间的美感完全由人们自身的情感所主导。因此,除了空间设计的基本规则外,美学还应该充分了解用户的心理需求。

（四）注重空间形态动静呈现的原则

不同特点和功能的空间,对空间形态的动静要求有不同的侧重点。动静表现的重要因素主要体现在以下几个方面。

1. 空间方向

每个空间的形状都有自己独特的性格和表现,不同空间的特点和性格很大程度上受空间朝向的影响。垂直空间和水平空间所唤起的方向感和运动感是不同的。与垂直空间和水平空间相比,倾斜空间创造的方向性和运动性更强。为了能够满足动态的功能要求,达到人的心理平衡,需要将动态和静态的因素结合起来,对静态的因素进行合理的排序。

2. 人流动线

人流在室内的路线是影响空间形态的重要动态元素,影响空间的整体布置和使用,影响空间的动静分布和区域划分。功能因素和心理因素是影响室内运动线设计的两个方面,运动线的不同布置直接影响人们在室内的流动秩序和视觉心理体验。

3. 空间组织

在空间形态上形成动静的重要因素之一是几个不同空间的组织。不同空间的穿插、围合、并列、通透的造型,会给人不同的动静心理感受。比如,对称的空间给人一种庄重的静谧感,给人一种祥和安定的心理感觉,而不对称的空间则更显得活泼、轻松。

4. 光影变化

光影的交替也是动态的。在室内设计中,可以通过自然光的运动和人造光的特殊动态来增强空间形状中的动态因素,从而创造出特殊的动态和静态效果。例如,奥地利格拉茨克图林斯基酒吧的拱形酒窖,其半圆形建筑的拱形穹顶在地板上盘旋的 LED 射灯的照射下营造出了梦幻的光影效果。

5. 绿化与水景

在室内,空间形态的构成也可以通过明显静止的绿化和水景来改变。流动的水和具有内在生命力的绿色植物,可以将带有自然气息的动感元素带入空间。

6. 空间构建与设施

建筑结构,如室内自动扶梯、观景电梯以及动态景观特征(如动态雕塑),都是空间形态的重要动态呈现因素。

(五)尺度安全的原则

室内设计中一个很重要的环节就是了解空间的基本功能,然后据此设计建筑空间的基本围合方式,对建筑构件进行合理的尺寸设计。例如,门是居室中最常见的建筑构件,门的尺度和造型要与居室的基本功能相对应,尺度合理。一方面它的形状和尺度要符合使用的需要,另一方面要满足形式的美感,当然公共空间也要满足消防疏散的尺度要求。可见,空间设计中的建筑构件不仅要从日常使用和维护的角度进行设计,还要兼顾空间的性质和安全设计的需要。

(六)选材适度的原则

在室内设计中,材料种类繁多,大致可分为三种。第一类是硬质装饰材料,最常见的有水泥、石材、木材、陶瓷、石膏等。第二类是软质装饰材料,比较常见的是针织品、皮革、纸质装饰材料。第三类是工艺品装饰陈设品,一般指在室内设计中主要起装饰作用的适合室内使用的小件物品。

在基本的室内装饰中,使用硬质材料的情况较多。水泥砂浆一般用于楼板的基础找平和生活空间墙体的基础造型。公共建筑中的客厅、附属室、储藏室等也可以直接暴露出土壤。

现浇水磨石具有易清洗、防滑性好、易于配色等优点,广泛应用于一般公共场所,尤其是需要经常维护和清洁的场所。

石材具有耐久性好、易清洗、纹理清晰等特点,广泛应用于对装饰要求较高的室内。公共场所的地板和墙壁往往使用大量的石材进行表面装饰。

陶瓷制品经久耐用,耐磨性好,被广泛用作室内地板。陶瓷制品具有施工方便、防水性能好等特点,适用于公共场所,如客厅及附属空间的地板。

最常见的室内黏土制品是青砖和红砖,适用于复古的室内效果和特殊的艺术效果,一般用于具有酒吧、餐厅、娱乐室、橱窗设计等特色的小型公共空间。

金属制品的种类也很广泛,其中铝制品和钢制品被广泛用作室内装饰。例如,生活区的厨房和浴室的天花板通常由铝合金制成。钢制品广泛应用于酒店大堂、办公楼、企业会议室等大型公共空间。

木材因其质地清晰、色泽柔和、造型方便、材质温和、易于手工加工等优点而被广泛应用于室内设计。无论是天花板还是地板,木材都被广泛使用,尤其是在生活区,木材成为室内设计的首选材料。木材加工技术的多样性和便利性使它广泛用于制造各种内饰。

玻璃材料弹性较小,但透光性较好。空间相对开阔时可散装使用,室内空间狭小可局部使用。玻璃材料用作空间的天花板,往往具有一定的采光功能;作为墙壁,可以透光;用作地板,往往给人新奇的感觉,并具有很强的装饰效果。

(七)切合主题的原则

由于室内设计多样,每个空间除了功能不同外,个性也不同,因此设计师应根据空间的特点和主题进行整体设计,并考虑适应空间造型的主题。以餐厅为例,除了基本的比例和材料外,还应考虑空间的特点。良好的形状组合可以真正突出空间的视觉效果,有助于突出主题。

二、室内空间围合界面设计

在进行室内设计时,不仅要考虑空间的形状,还要考虑物理元素对周围空间的影响。内部空间的形状通常由周围的围合单元决定,或者说空间的围合形状决定了空间的形状。定义空间形态的物理元素,可以将其分为两类:垂直元素和水平元素。无论是垂直元素还是水平元素,由于功能需求的限制和不同审美的差异,都有主动和被动的作用。

(一)垂直元素

从心理学的角度来看,垂直造型往往比水平造型更活跃,因此,在划定空间体量、表达强烈围合感时,通常采用垂直表达手法。

室内常见的垂直元素是墙壁、柱子、屏风、隔板和家具。柱子和墙体是竖向元素中最重要的元素。一般来说,它们不仅能起到支撑作用,还能遮挡室内外空间,限制视角和距离。此外,它们还会影响空气流通、室内照明、声音传播等。

不同空间竖向元素的组成和形式是不同的。在具体的设计中,要注意同一空间表现手段的一致性和设计风格的统一。一般情况下,适合墙体处理的低墙采用竖向分割的设计方法,给人以墙被拉起的视觉感受,使人产生刺激感;而高墙被水平分隔,这种设计方法可以使人在视觉体验上降低一定的高度,营造一种稳定感。

高度是影响空间表现力的一个重要方面,墙越高,空间的封闭感就越大。此外,不同的色彩、纹理和图案在视觉加权、缩放和测量我们的感知方面发挥着重要的作用。例如,斯德哥尔摩一家互联网服务公司在地下 30m 的办公空间墙壁上使用岩石元素,搭配各种活生生的植物,营造出犹如在自然阳光下沐浴的生态景观空间。

柱子被视为垂直要素中的线要素。如果空间中间有一个独立的柱子,可以塑造成空间的视觉中心;两个独立的柱子可以形成一个空间的"虚拟表面";不在一条直线上的三根柱子可以定义一个空间体积的角。在空间构成中,一排柱子可以在空间和周围事物之间创造空间和视觉上的连续性。如果柱子以壁柱的形式附在墙上,它可以改变墙壁的形状,在空间里创造一种韵律。

（二）水平元素

水平元素在室内通常以平面或线的形式表现,其中以平面最为人所知。上边界的天花板和下边界的地板是构成内部空间的两个主要水平面。

1. 天花板

与地板相比,天花板的处理更为复杂,因为天花板与表面的结构密切相关。在设计吊顶时,不仅要考虑结构的影响,还要考虑照明的安装、消防系统的安装、空调装置的安装以及出风口的位置。基于建筑空间的整体效果,在处理天花板时,不可避免地会包含许多具体的细节。

室内的表面可以很好地反映空间的形状和关系。建筑空间众多,仅通过墙壁或柱子很难确定空间与范围和形式之间的相互关系,但通过天花板的设计可以明确这些关系。天花板可以像底座一样,用不同的形状、色彩或材料来划分空间的不同区域,形成多种色彩图案,营造出多种空间氛围。此外,可以降低或升高整个或部分天花板,以改变空间的尺度并增加区域或装饰性特征。

吊顶的设计与建筑的结构巧妙结合,是一种较好的吊顶处理方式。对于很多基于传统的、具有梁结构特点的建筑来说,吊顶设计不需要花很大的力气,而是可以在梁板结构的基础上进行局部加工。可以充分利用建筑物本身的梁结构构件,起到装饰作用。尤其是在许多现代建筑使用的新型结构中,结构本身形成的图案即使不经过处理也具有很强的装饰性,从美学的角度来看,装饰效果已经存在。

2. 地板

在处理地板时,通常会使用石材、瓷砖、木地板、地垫等不同的材料,形成不同的图案来装饰地板或划分不同的区域。在处理路面花纹时,可根据需要强调花纹本身的自主性和完整性;整个构图形式也可以设计成规则的几何形状,强调图案之间的连续性和节奏感;不规则的抽象图案营造出独特的装饰效果。例如,德国沃尔夫斯堡绿色环保展的展厅室是设计师受到三个箭头包围的绿色回收符号的启发,将地板图形与立面和天花板的网状结构相结合,营造出具有凝聚力和流畅性的立体感空间。

因为地板需要支撑家具、设备和人的活动,它的暴露程度是有限的,而且由于人在观看时受到视觉透视的影响,所以观看面积不如天花板对人的视觉影响大。在室内设计时,往往会明确地表达地面空间,如通过使用不同的材料、色彩或图案来划分空间领域,以表达清晰的功能划分。地面边界和区域感知越强,空间域边界越强。

在室内设计中,利用室内层高的变化来划分空间功能,增加层次感也是一种常见的表现方式。

降低基面是根据可见的边缘"墙"来限制面积,而升高基面是基于心理暗示。基面的升起和基面的下降,可以说是"形"与"地"的相互交换。如果空间降低的位置是沿着建筑空间靠近墙壁的区域,则中间没有降低的对应区域称为"基面抬起"。

三、室内空间界面的艺术处理

(一)地板

地板在室内空间中占有很大的面积,与人有着密切的关系,当人进入室内空间时,首先接触到的是地板,所以地板的形象是否突出,取决于设计。室内的地板通常由石材、木材、金属、地毯等相互交叉组合而成。当它是一个更大的公共空间时,地板材料和色彩的变化会放大区域变化。

（二）天花板

根据房间的组成,天花板设计有不同程度的装饰。一般来说,生活空间的吊顶设计比较简单,因为不是防火设备,没有造型限制,而且生活空间本身不应该太复杂,所以生活空间的吊顶设计相对来说比较简单。公共场所的设计一般以消防安全为要求,设计时应充分考虑烟感、自动喷水灭火设备、空调通风口、照明等必要设施的布置。所以设计比较复杂。在一些有特殊要求的房间里,还应考虑到特殊形状的变化。

由于天花板的位置是人类每天都无法触及的,因此形状的变化可能会被夸大。有时它与墙壁或柱子的形状相结合,将内部的整体性提高到极致。除了满足基本的照明和消防安全要求外,天花板的形状可以是室内最奢华的设计。

吊顶的材料也非常丰富,尤其是随着材料和技术的不断发展,塑料吊顶越来越受到设计师的青睐。

吊顶除了本身的造型外,还可以用吊饰营造房间氛围。这种方法可以灵活地改变房间的形象,在不改变房间的固定装修的前提下,通过更换挂件可以创造出新的房间形象。

（三）墙面

墙体作为建筑的一部分,不能孤立地看待,不能随意设置它的造型。毕竟,整体设计必须以房间的主题和功能为基础。

墙面最基本的处理就是改变纹理。纹理问题似乎在所有内饰中都很常见。纹理也是处理几乎所有空间界面的基本技术之一。大多数设计师都精通这种方式,所以纹理据说是处理空间界面最简单的方式。

关键问题是如何创建纹理。我们都知道,上色、换材、改变墙面形象是运用纹理的基本手法。当然,当材料本身的质感已经很明显的时候,再加上改变墙面形象,会产生意想不到的愿景。质感有时与造型密不可分,并不仅仅代表单一的材质,更多的时候,不同材质和颜色的组合可以营造出更丰富的立面效果。

当然,每一种创作形式都必须根据场合来决定。

如果说纹理是处理空间的基本技术,那么造型就是高级技术。之所以称其为高级,是因为确定形状的附加条件较多。比如空间的类型(住宅、商业、娱乐、服务)和用户的喜好(个性、群体需求),还受色彩、光线等的影响。

形状几乎可以决定房间的性质。优雅的造型往往适合年轻人,一般的造型往往适合中年人,欢快的造型往往适合娱乐空间,而形象清晰的普通造型一般出现在人群聚集的公共场所。

造型的成败不在于造型设计本身,而在于适应。适应意味着适当。合适的形状,专为合适的空间而设计。合适的空间适合喜欢它的用户。所谓成功的设计,仅此而已。

(四)隔断

隔断是划分室内的一种装饰构件(指不可移动的体隔断),可以划分空间,代替墙壁,具有半透明的实用功能和室内装饰的艺术效果。现代室内设计中的隔断不仅是划分房间面积的手段,更多时候是房间形象的重要组成部分,隔断的形象甚至在房间中起着至关重要的作用。

隔断根据视觉透明程度可分为全透明、半透明和不透明。玻璃隔断一般是透明的,优点是不影响采光,视线通透。半透明隔断的材质非常丰富,一般通过在造型中间留一个空隙,半遮住视线来达到局部透视的效果。对于非透明类型,一般采用不透明的固体材料,具体的遮挡程度要根据具体空间的情况来分析。

除了硬质材料,隔墙还可以用绿化、布艺等特殊材料结合房间造型营造房间氛围。需要注意的是,绿化是有生命的,需要日常的呵护和修剪,所以以大面积绿化为装饰,要考虑房间的条件,特别是光线、通风、清洁和浇水的条件。区域条件和气候变化条件都要被考虑在内。只有好的绿色设计才能为室内设计增添光彩。

四、室内综合界面的和谐

（一）综合空间界面

室内的墙壁、地板和天花板共同构成一幅整体画面，代表了建筑的形象、空间的功能和设计师的审美意图。一个空间的形状再复杂，也无非是由几个基本的几何形状组成，只有在合理的功能和结构的基础上，巧妙地组合成一个有机的整体，才能得到一个完整和统一的效果。

一个完整统一的空间首先要在体量构成上营造一种秩序感。我们知道，体积是空间的反映，而空间主要是通过平面来实现的。为了保证空间体量之间的良好关系，首先要有良好的组织感和秩序感。传统的构图理论非常强调处理主从关系，认为一个完整的整体意味着空间中的每一个元素都应该被优先考虑。只有当主体突出时，才能建立强烈的秩序感，然后形成独特的空间特征。

在明确了主从关系之后，就需要在主从关系之间建立良好的联系，即在一个复杂的空间中，不同元素之间的巧妙联系直接影响着空间的运转。我们常说空间中不同元素的有机结合才是真理。

（二）和谐的视觉享受

为了在房间里营造和谐的氛围，必须遵循美的法则来构思想法，然后将其转化为现实。那么，在室内设计中有没有什么美的规律可以遵循呢？美学本身是一个抽象的概念，有其自身的复杂性。美的规律具有一定的普遍性和永恒性，但人们的审美观念和审美偏好却随着人们所处的国家、民族、地区和社会环境而不断变化。因此，不同形式的美，不同形式的艺术，会因人的审美差异而有很大差异。

第四章　室内设计的思维、表达与程序

　　室内设计的核心概念是构思的阐述和图纸的表达,室内设计系统能否发挥作用取决于创意完成的质量。一份草稿的质量和设计水平体现在设计方案的构思和图纸上,这是目前设计师最重要的工作,也是很多设计师在设计过程中最头疼的环节。同时,室内设计和建筑设计有着相似的工作流程,在建筑规划中,无论是新建、改建还是扩建,从对项目决策的评估到交付验收,都有一个非常系统、非常严格和一致的顺序。不跟进,就没有建设项目顺利进行的保障。本章将对室内设计的思维、表达与程序展开论述。

第一节　室内设计的思维方式

一、室内设计思维的释义

设计思维是人们认识客观世界的本质及其运动规律的一种理性方式。室内设计思维分为直觉行动思维、直觉形象思维和逻辑思维等不同类型。室内设计以直观的形象思维为主要手段，以直观的感性形象反映物体的形式要素和结构关系，满足人类对客观事物感知的心理需求。它使用特定的意象来表达人类无法直接感知的认知对象，并为思想领域建立视觉连续性。三维和四维动态序列结构全面再现了客观世界的完整方案，实现了其简单性和用图像描述事物的功能。室内设计思维不仅可以激发联想，还可以缩短逻辑思维的过程，让人直接判断和理解图片所包含的含义（图4-1）。

图 4-1　室内设计思维概念图

室内设计是一门艺术与科技相结合的学科，它需要的思维是艺术的形象思维和科学的理性思维。从设计过程来看，室内设计运用艺术设计规则进行设计，用艺术手段概括设计师对生活的感受，提炼设计理念指导整体设计。从室内设计所使用的表现手段来看,它采用了艺术表现手段。它运用艺术形式和美的规律来设计室内模型、家居陈设、家具和艺术氛围,设计的作品其实反映了设计师自己的审美感受,室内设计在艺术设计中,应该以形象思维为主。

形象思维从审美感知出发,通过联想、想象和幻想,形成审美形象,从中获得审美乐趣。其特点是通过鲜明的特殊个体表达共性的意义,通过具体的意象表达作者的大胆想象和超凡想象。形象思维强调思维方式的多样性,要求设计师从多个角度审视问题,寻找表达美的方式,设计多种方案,然后通过比较筛选出最佳的设计方案。室内设计需要设计师具有非凡的想象力和思维能力,能够为所设计的项目提出生动、惊喜、富有想象力和个性化的设计方案。

从室内设计和功能设计的角度来看,设计师也需要理性思考,针对室内物理环境、建筑结构和室内设计性能图表进行严谨、科学的设计。理性思维的特点是注重逻辑,反思的思维方式是线性的,通过概念、判断和结论来反映现实,揭示事物的本质和内在运作。

事实上,在具体的设计中,形象思维和理性思维往往是交织在一起的,有时很难区分。比如在沙发设计中,可以丰富沙发的造型、风格、色彩和质感,但沙发各部分的尺寸、坐垫的高度、手背的角度以及各部分的结构都不容忽视。我们应计算并找到最合适的尺寸,否则可能会造成使用不便。

二、室内设计思维模式的分类与过程

(一)室内设计思维模式的分类

室内设计思维模式可分成创造性思维、常规性思维、艺术性思维。

创造性思维是一种新颖的思维活动,具有很高的实用价值和流动性,对现实的进步具有推动作用。在思维过程中,不仅需要各种认知(尤其是想象)心理活动的积极参与,还需要调动情绪、意志、勇气等一切积极的生理和心理功能,在思维中发挥有效作用。

常规性思维是人们通过学习、记忆和记忆转移进行的思维活动。一般的思维方式,只要按照常规,按照传统的思维方式,吸取以前的知识和经验就可以顺利进行和完成。然而,这种思维往往墨守成规,没有新意,无法推动现实的进步。

艺术性思维是一种特殊的思维形式,是指将人们对内心环境的感受所形成的记忆形象进行艺术加工,形成一种具有艺术形式的思维,这种思维又称"形象思维"。人们依靠艺术思维,对外部世界中具有感染力的具体形式(声音、色彩、形式等)进行新的组合和创作,使其更加典型和深刻,创造出更加抽象和普遍的审美特征。不仅艺术家在创作艺术作品时需要运用自己丰富的艺术想象力,普通人在欣赏艺术作品时也需要运用自己的艺术想象力以充分领略艺术作品的魅力。

（二）室内设计思维模式的过程

室内设计的思维过程是从感性的具体到抽象的一般,再从抽象的一般到理性的具体。目的是在思维过程中再现客观事物的内在联系,把握其本质,使人们在认识自然和改造自然的活动中,从事物的必然性走向事物的自由。

室内设计思维的一般过程是分析与综合、抽象与概括。分析包括在概念上将整体分解为其组成部分并区分事物的不同属性。综合是概念上将事物的组成部分组合成一个整体,并整合事物的不同属性。不分析事物,就无法把握事物的完整性。

抽象和概括是用于分析和综合的高级技术。抽象意味着将事物的本质属性与非本质属性的概念区分开来。概括是总结事物共同本质的概念联系。借助抽象和概括,可以从具体中理解一般,透过现象把握本质。

三、室内设计思维的创意方法

产生一个想法需要大脑中有一个思维过程,而这个思维过程就是创造力。选择不同的创作方式,可以产生不同的创意;即使产生了相同的创意,它们也会经历不同的思维过程,因此思考时间的长短和能量消耗肯定是不同的。这就要求设计师选择最佳方法,找到最佳捷径,这是产生最佳创意的关键,也是产生创意的必要基础。每个创意都会有最简单、最快捷的生成方式,直接关系到创意的质量和成败,是创意产生不可或缺的重要条件。

（一）方案构思

创意构思是最具创造性的工作，设计师运用不同方法提高创新思维的能力对于设计项目的成败至关重要。创造性的方法是整个室内设计过程中重要的组成部分。可以说，设计是一种创造性的工作。

设计的每一步都有自己的目标和相应的方法，而且这一步是循序渐进的，在设计、分析、介绍、联想、创作和评价的全过程中获得实践经验。

1. 创新性

创新需要对特定的思维方式进行审查和组织，以创造独特而新颖的"亮点"。"创"表示时间的开始，"新"强调新的记录。对设计创新的描述应该是"新的使用方法""新材料的应用""新的结构体系""新的价值理念"等，这就需要设计者将更多的精力投入到"使用"部分。在"新材料的开发""新结构的试验""新思想的表达"中，寻求室内设计的新元素，避免抄袭、拼贴等不良现象，从而解决问题。思考设计中存在的问题的解决方法和思路，有利于设计师创造性思维的发展。新的设计理念，以及在这种新理念的指导下创造出来的设计，往往一出现就被打上创造者的烙印。创造出来后，可能面临不同的情况和视角，既可能不被大众接受，也可能长期生存和发展。但正是这种"敢为天下先"的理念得到了社会的广泛推崇。

2. 创新性的实践能力

创新实践技能主要涉及设计技能、实验技能、应用知识解决实际问题的能力、创造性过程中的创造性技能和技巧。

应用知识解决实际问题的能力，即"快速、灵活、正确地理解和解决问题的能力"。培养这项技能最重要的是对知识的掌握。只有把知识学透了，掌握到了可以熟练应用的程度，才能正确地应用于分析设计中的问题，从而获得洞察力。只有彻底找出问题的核心，才能有效地解决问题。

知识、认知能力、远见、实践能力和创造能力是相互联系、相互影响的。通过这些因素的有机结合，才能形成创新人才的智能体系，从而培养出努力奋斗、奋发向上的创新人才，由此形成个体创新人才体系。实践技能的发展是创新人才成功的途径。

3. 素材再造

素材再造是通过观察、分析、归纳和联想来完成的,始终沿着设计的"目的"方向进行,考察实现目的的外部约束。目标体系,也是选择、组织、整合和创造原理、材料、结构、工艺技术和形式的内因基础。这个过程可以吸取前人的经验。其特点是必须创新,不能脱离实践。

联想阶段形成的想法要不断得到设计目标的确认。

所有创意提案应在选择和筛选过程中不断评估,以支持和改进设计目标。

从总体方案的创意到方案细节的创意,细节与细节之间的过渡,细节与总体规划的关系,即不同层次的"想法",必须体现相应的"想象力"。

(二)多元化思维方式

室内设计受功能和技术的影响。由于材料和经济因素的限制,设计中会出现各种各样的问题,所以我们不能用线性思维来考虑问题,而应用多样化的思维方式来解决遇到的设计问题。所谓"条条大路通罗马",就是无论从哪条路出发,都可以到达目的地,这是多元思维的标志。

视觉思维呈现多样性。它可以从多个角度看待设计的切入点,并从不同的方面进行表达。根据不同客户的需求,得出的结论可能相同也可能不同,设计不同的程序供客户选择。评估设计选项的优点和缺点可能是多方面的。大家可以根据自己的审美来判断。没有完美的设计,每一个设计都有它的缺陷,但要遵循一个原则,即按照功能和艺术效果来获得人们的认可。

多元化的思维适合当代多元化的生活环境,多元化的思维方式让设计师的思维更敏捷。通过激活他们的思维,掌握多种思维方式,可以创造出更好的充满个性的艺术空间,满足不同层次客户的需求。

(三)从创意思维到创造

设计是一个由客观到主观,再由主观到客观的必然过程,是一个概念转换的过程。设计理念的转变有一个从脑海中的虚拟形象到物化的转变过程。这种转变不仅体现在从设计理念到项目建设的整个过程中,也体现在设计师自身思维外化的过程中。

这个过程从抽象到具象，从二维到三维，从绘图到构造。它遵循"循序渐进"的原则来创建设计思维。创建过程分为三个步骤。

1. 灵感的起源

在创作一幅画之前，经常强调"先写意图"，对于室内设计来说是一样的。面对一个具体的设计项目，在正式设计之前，脑海中总会有一个基本的想法，那就是设计灵感。寻找"设计灵感"需要收集大量信息，查阅相关资料，尽可能多地获取相关资料，力求做到详尽、全面。设计师可以仔细研读项目工作簿，与业主反复沟通，进行实地考察和体验当地环境（历史文化、地形、环境、气候、阳光）等，了解城市规划和社区环境。通过图纸熟悉原建筑的规格，能够使设计师获得他们需要的信息并从中汲取设计灵感。

2. 灵感的转化

将设计灵感转化为特定的物理空间需要设计师的大量工作。收集资料后，各种信息、数据、图像、参考资料等可以同时存在于脑海中，设计师要进行逻辑思考，系统梳理不重要的概念，改变想法，不断修改，直到一个好的计划产生出来。引导概念的引入在技术上代表了设计定位，其实就是用图形思维的方法对设计项目的环境、功能、材质、风格等进行分析处理，确定方向和设计思路。这样的草图主要是为了表达大空间的物理结构，也可以与立面概念的草图相结合，帮助设计师尽快创造出完整的空间形象概念。

3. 主题的设定

"万事开头难"，室内设计之初难选主题。一旦确定了一个主题，接下来的事情就会随之而来。每个设计都需要一个主题。主题是捕捉整体设计的魅力，需要充分利用建筑内外的条件来确定空间，并结合装饰元素、材料的使用、色彩、外部形式和照明类型来设定。

确定方案的主题意味着确定室内设计的方向，是构思形成和完善的阶段。优化细节是最终打造完美设计方案的关键环节。

（四）推理与创新思维

1. 提问

它是一种打破传统思维桎梏的方法，用问题丰富设计理念，可以提升设计师的创新能力。它以创造新创意为前提，打开设计师的智慧之门，激发想象力，激发创作冲动，拓展创意。

（1）问题的具体内容

为什么要设计这个项目，为什么要使用这个结构，明确目的、使命、性质是什么，这个项目的功能特点是什么，这个设计有哪些方法。

这个项目的用户和开发者是谁，谁来完成设计，你自己做还是组建设计团队。

设计什么时候完成，截止日期是什么时候，设计阶段什么时候开始，什么时候结束，什么时候获得资格。

设计是怎样的，结构是怎样的，材料是怎样的，颜色是怎样的，形状是怎样的。

（2）提问的特点

问题一个一个地问，层层拆解。设计要有目的性和针对性，就像医生要给病人开对的药才能达到最终目的一样，这样的设计工作才能快速进入实际操作阶段。同时，也可以用逆向思维来提问，即从对方的角度思考。例如：了解设计项目。为什么椅子不能倒置？为什么椅子不能左右坐或悬空？

2. 列举

没有设计方案是完美的，总会有瑕疵。为了克服设计的不足，需要通过研究名作或成功的设计案例来提高设计的质量，确定设计的价值。捕捉设计的准确性意味着捕捉设计目标的本质。

随着科学技术的不断发展，新思想、新材料也在不断更新。人的生存环境永远不可能完全满足人的需要，一个需要得到满足之后，就会提出更高的需要。

（1）列出的具体方法

它包括特征列表法、劣势列表法、希望列表法等。系统地、有针对性地提问，将使我们需要的设计项目信息更加丰富和完善。

（2）列出的特征

名词属性，如材料：水泥、树叶、风、水等。

形容词性质，如颜色：白色、黑色、红色、墨绿色、天蓝色、紫色等。

3. 类比

通过两个（类）设计对象之间的某种相似性来解决设计项目必须解决的问题。关键是找到合适的类比，这需要直觉、想象力、灵感和潜意识等。

4. 组合

结合两个或多个设计元素或设计目标，实现统一的整体设计，并形成功能、形式和统一的交汇点。通常通过发现问题、论证问题、产生设计联想、达成共识来解决设计问题。

5. 逆向

"左右思维"和"左右攻击"是创新思维的一种形式。在设计过程中，如果只遵循一个想法，往往找不到最好的感觉，这段时间可以让自己的思维左右发散，有时可能获得意想不到的收益。逆向思维最能体现设计创意的"亮点"，改变人们对设计本身固有方式的认知。设计创意和材料的运用本着"原创至上，不拘泥于任何表达方式"的原则。在确定设计主题、满足实用功能和空间美学需求的前提下，利用材料的质感和材质对比、空间色彩的美感和光的运用，达到和谐的整体美感，并能使用艺术图案来打破构图的设计原则。同时，重新剖析图案化的设计元素，注入新的设计理念、元素和符号，引入新的价值观和美学去剖析和重新组织，形成新的设计形态。

6. 立体

设计思维的广度是指从三个维度全面看待问题的能力。在设计过程中，围绕问题展开多方位、多渠道、多层次、跨学科的研究，也可称为"立体思维"。其包括寻找相似的方法、寻找差异的方法、使用相同和不同的方法、协变法、残差法、完全归纳法、简单枚举归纳法、科学归纳法、分析综合法。

学会观察问题的各个层面，分析设计的每一个细节，全面审视，加入打破常规、超越时空的大胆想法,把握设计重点,提出新的创意。

设计的广度体现在材料的广度、创意、造型、组合等方面。深度思考是指在考虑一个问题时深入到客观事物的内部,抓住问题的关键和核心,即从远到近,从外到内去思考设计的本质,一层一层,一步一步,又称"层层笋"法。同时,在设计作品中的有效表现也是思想深度的具体体现。

(五)思维意识与再造

1. 热线

"热线"是指在意识中成熟并与潜意识沟通的设计理念。这条"热线"一旦亮起,就需要密切关注,以设计思维活动为高潮,向纵深发展,直至取得创意成果。

2. 导引

灵感的迸发几乎都要通过某一偶然事件作为创意的"导火线",刺激大脑,引起相关设计联想,然后才能闪现。只有找到了"诱因",才能达到灵感的"一触即发",如自由的想象、科学的幻想、发散式的想象、大胆的怀疑、多向的反思、偶遇的现象等。

3. 梦境

当一个人的身心转变为困倦而不是清醒状态时,脑电图会显示一系列脑电波。做梦往往会给我们设计理念的灵感。假想法是打破人们习惯性思维的好方法,它可以使人们摆脱旧的思维模式,提出创新的想法,找到问题的解决方案。

设计师激发自己的创造潜力并不难,作为解决方案设计者,适度放松是必要的,目前比较流行的静坐冥想,或者运动休闲旅行都是不错的选择。设计不能依赖固定的模式和既定的立场和实践,虽然我们不敢说创造力永远不会出现,但它出现的可能性实际上正在降低。总而言之,想象的创作技巧使人们通过普遍现象观察新的光芒,帮助人们克服现有障碍造成的习惯性意识。世间万物光彩夺目,创意思维和设计手法势必层出不穷。

4.心智图

这种方法主要采用意念的概念,是一种将设计思想形象化的思维策略。用线条、图形、符号、颜色、文字、数字等各种方式绘制思想和信息,并以草图的形式快速总结以上各种方式。在设计理念上,具有开放性、系统性的特点。设计师可以自由地激发发散性思维,提高联想的能力,将不同的想法分层组织,刺激大脑在不同方面做出反应。这样可以锻炼"手脑结合"的思维能力。

5.分与合

将原不相同亦无关联的设计元素加以整合,产生新的设计理念。分合法利用模拟与隐喻的作用,协助思考者分析问题并产生各种不同的观点。

四、室内设计的图形思维方法

每个专业都有自己的科学方法,室内设计中的图形思维也不例外。设计在很大程度上取决于表现,而表现在很大程度上取决于图形。因此,要掌握室内设计的图形思维方式,学习不同类型的绘图方法很重要。绘图水平取决于人的教育经验,可能存在很大差异,但就图形思维而言,绘图水平的级别不是主要问题,主要问题是必须自己画,要获得图形思维的方法和表现视觉感受的技法,就必须擅长手绘。绘制的图片更多的是给自己看,它们只是帮助自己思考的工具。只有自己动手,才能领略其中的奥妙。

即使在当今精密的计算机绘图中,这种能够快速、直接地反映自己思维结果的手绘风格也不会轻易被取代。当然,如果能将自己的思维方式转化为实践过的人机对话方式,那么使用计算机进行图形推理也是一种可行的方式。

使用不同的笔在不同的纸面上徒手绘画是学习设计和图形思维的基本技能。

在设计的初期,包括概念和计划,最好用厚软的铅笔或 0.5mm 以上的各种墨水笔在半透明的复印纸上作画,细节方面非常有利于图形思维的发展。

手绘图形应包含各种类型的设计表达：具象的室内草图、空间形态概念图、功能分析图、抽象几何线条符号、平面图、立面图、剖面图和室内空间发展、意向透视图等。总之，室内设计的图形化思维方法基于手绘图。

室内设计中的图形思维方法实际上是一个从视觉思维到图形思维的过程。空间视觉的艺术形象设计一直是室内设计的重要内容，视觉思维是艺术形象设计的主要方面。视觉思维研究的主要内容来自心理学领域的创造力研究。这是一种消除思维和感觉行为之间人为差距的方法，人类感知事物的思维过程包括接收、存储和处理信息，是一个感觉、感知、记忆、思考和学习的过程。感觉识别的方法是意识和感觉的统一，而创造力实际上是意识和感觉相互作用的结果。

根据上述理论我们可以了解到，视觉思维是一种应用视觉的思维方法，包括看、想象和绘画。在设计领域，视觉的第三个产品是图纸或草图。当思维以素描和想象的形式外化为图形时，视觉思维就变成了图形思维，视觉认知就变成了图形认知，而作为视觉认知的图形解释，就变成了图形思维。

图形思维本身就是一个交流过程。这种示意图思维的过程可以理解为作者与设计草图互动的独白。交流过程涉及在纸上绘制图像，这是图形思维的循环过程。通过眼、脑、手、素描四个环节的相互作用，从纸到眼睛再到大脑，再回看纸上的信息，通过对信息的增删改查，选出理想的创意。有了这种图形化思维，信息循环的次数越多，改变的机会就越多，提供选择的机会也就越多，最终的想法也会越完美。

通过以上分析，我们可以看出思维图在室内设计中的六大主要作用：

表现——发现

抽象——验证

运用——激励

这是相互作用的三对六项。视觉感知被称为纸上的表现，纸上的图表通过大脑分析有了新的发现。

表达和发现的循环允许设计师抽象出所需的图形概念，然后在方案设计中进行验证。抽象和验证的结果在实践中得到应用，成功的例子反过来又激发了设计师的创作情感，从而开始了下一轮的创作过程。

五、发散思维方法

（一）头脑风暴法

头脑风暴法又称"智力刺激法"或"BS法"，是指一群人相互交流、启发、相互激励、相互修正，来实现集体发散思维的新方法。该方法由美国学者奥斯本提出，是世界上第一个付诸实践的创新思维法。

"头脑风暴"最初是指精神病患者在短时间内出现思维混乱的现象，患者会产生很多杂念。奥斯本借用了这个概念来描述一种思想高度活跃、思维方式非常规的情况，从而产生大量的创造性想法。

头脑风暴的目的是激发人脑的创新思维，使其产生新的想法和新的概念。

萧伯纳曾说过："你我是朋友，各拿一个苹果，互相交换，交换后各有一个苹果。你有想法，我也有想法，在一起沟通，那么我们每个人都有两种思想。"

1. 头脑风暴法的操作程序

前期准备——确定本次讨论的负责人，然后制定要研究的课题，抓住课题的关键。同时要确定参与讨论的人数，以 5 ~ 10 人为最佳。确定人数和话题后，可以选择开会的时间和地点。

主持人要清楚地告诉参与者这次的话题是什么，语言要尽量简洁，因为过多的描述会在一定程度上干扰大脑的思考。

经过一段时间的讨论，大家往往对这个话题有更多的想法，但缺点是参与者可能只向一个方向思考。至此，主持人可以再次明确讨论的话题，让大家回顾讨论，重新开始，探索不同的方向。

言论自由阶段。聊天阶段的准则是不允许私下交流，不允许评论他人的演讲等。在这样的安排下，主持人必须发挥自己的能力，带领大家进入自由讨论的状态。

根据解决方案的标准识别每个解决方案，并主要从创新性和可行性方面进行审查。经过深思熟虑，最终找到最佳解决方案。最好的解决方案通常是一个或多个想法的综合。

2. 系统化处理的流程

简化每个想法,简要总结一个列表的关键词。

从技术角度确定每个想法的关键点。

综合相似的想法。

建立和规范评估标准。

用思维导图记录过程。

(二)思维导图法

思维导图是表达发散性思维的有效思维工具,由托尼·布赞创建。托尼·布赞是世界上最著名的"大脑和学习人物"。思维导图采用图文并重的手法,以分层图的形式表达主体各层次的关系,简单高效,图形感强。

思维导图充分利用大脑左右半球的功能,利用记忆、阅读和推理的规律,帮助人们在科学与艺术、逻辑与想象力之间取得平衡,挖掘创造力的源泉。

使用思维导图的公司包括 IBM、通用汽车、汇丰、甲骨文、英国石油、微软、HP、Boeing 等。

思维导图分为两类:一类是关键词的变体思维导图,另一类是图像的变体思维导图。

(三)滑动对照法

滑动对照是由多组选项组成的滑动齿轮系统,通过改变选项产生新的组合。可设置几个选项(这些选项属于同一类别),可以是材料、功能、步骤、用户等。当滑轮开始转动时,会在选项中创建大量新的组合。因为新的选项组合是随机的结果,彼此之间没有逻辑关系,所以它避开了脑海中现成的选项,产生了意想不到的有趣的碰撞。例如,如果将所选项目分成 4 组,每组 10 个项目,则会生成 10,000 种不同的组合。

（四）六顶帽思维法

六顶帽思维法是英国学者爱德华·德·博诺提出的一种思维训练模式，或称"综合思维模式"。它提供了"并行思考"的工具，避免了在争吵上浪费时间。这种方法强调"它可以是什么"而不是"它是什么"，并寻求前进的道路而不是争论谁对谁错。

传统思维是判断性思维，在讨论时很容易陷入相互矛盾的观点，从而使讨论陷入僵局。六顶帽思维的本质是平行和分离的思维。平行是指一个人一次只能专注于一种思维工具，这样他们的思维就不会跳跃太多或过于专注于一个点（遇到问题时可能会反复挣扎）。"六顶帽思维法"将问题思维从个体思维转变为综合思维，开辟了多种创新途径。提高思维深度、扩大思维广度、鼓励积极讨论是六顶帽思维方式的核心。六顶帽思维法可以使我们从通常的辩论思维转向图解思维。

六顶帽思维法有两个主要目的。

第一个目的是简化思维。它只允许思考者一次做一件事。通过这种方式，思考者可以在思考过程中抛开情感、逻辑和信息因素。

第二个目的是重新思考。六顶帽思维的思考者一次只能以一种模式思考，同时做同样的事情。最好的类比是彩色印刷——每种颜色都被印刷并最终组装起来。

这种方法的优点如下：高度集中和高效的讨论；能够在大多数人发现问题的地方找到新的机会；能够发现问题的新角度，找到设计的切入点；能够将问题分解为不同的层次；能够培养团队的合作思维能力；能够减少沟通中的对抗；能够创造一个充满活力、积极的环境，鼓励人们参与和畅所欲言；能有效提升创造力；能够培养轻松实施解决方案的能力；能够提高执行能力。

第二节　室内设计的表现方法

一、图形的表达

图形表达是最方便、有效、经济、灵活的手段。绘图本身不是目的，而是设计师表达设计意图的一种手段。它用于记录和描述设计者的意图，起到沟通的作用。它也是工程师和技术人员交流的技术语言，是项目中最有效的语言。在每个项目的设计和实施过程中都使用了图形表达的方式。

（一）草图

设计者脑海中的想法往往是零散的、模棱两可的，脑海中出现的想法转瞬即逝，因此需要一种有效的方法来准确捕捉和记录，这时候用视觉的方式记录和传达就远比抽象的文本表示更直观有效。设计创作过程中的概念草图是表达这一目的最有效的方式。它可以有效地将抽象思维转化为视觉形象，记录这些不确定的可能性。概念草图包括功能分析图、交通流线图，以及基于业主要求和其他调查数据的矩阵图、气泡图等信息图表。探索不同元素之间的关系并梳理好复杂的关系，给定空间内各个界面的具体立面图、局部结构节点、大比例图等，还有速写的房间透视图，给人一种房间设计的立体感。草图对于设计师来说是一种更加个性化的设计语言。它通常用作设计早期阶段的交流。草图通常以手绘形式绘制，虽然看起来不那么正式，但花费的时间相对较少。它的绘画技巧在于快速、松散、高度抽象地表达设计理念，没有太多细节，对表达明暗、颜色的工具、材料和表现手法没有严格要求，根据个人喜好，也可以与特定的文字和图形符号结合使用，以补充描述，尽可能在有限的时间内表达尽可能多的想法。

（二）正投影图

实际的室内施工空间很大，要在图纸中容纳，应按一定比例缩小，所选择的比例必须与图纸尺寸相对应，并足以表达必要的信息和材料。设计图应结合代表墙壁、门窗、家具、电器、材料的各种一般线条、符号和图例，简洁准确地表达空间，并选择合适的比例，如 1：100 或 1：50 等，必须标明所代表物品的实际尺寸。由于计算机制图（即 CAD，计算机辅助设计）的巨大进步，目前存储、复制和修改更加方便，几乎完全取代了手绘工程图。

正投影图包括平面图、天花板图、立面图、剖面图和详图等。

1. 平面图

平面图用于从上方向下看的视角，仿佛房间已被水平切割，天花板或顶部被移除。平面图可以显示二维轮廓，高度或垂直方向的形状和大小，以及空间的分布、交通流线、地板的铺装位置、墙壁和门窗、家具和设备的摆放、摆放的方式等都无法充分表达。

2. 天花板图

天花板图代表天花板在地板上的投影，除了显示天花的形状、材质和尺寸外，还应显示连接在天花板上的各种灯光和设备，如通风口、烟雾探测器、喷淋头等。

3. 立面图

用于表达墙壁、隔断等空间中垂直界面的形状、材料、尺寸等的投影图，通常不包括可移动的家具和设备（不包括固定在墙上的家具和设备）。

4. 剖面图

剖面图类似于立面图，表达了建筑空间被垂直切割后暴露的内部空间的形状和结构关系。切割位置应选在最有代表性的地方，具体位置应在平面图上注明。

5.详图

详图是平面图、立面图或剖面图的任何部分的放大图,包括节点图、大比例图,以显示平面图、立面图和剖面图无法充分显示的细节。详图往往以较大的比例绘制,有的甚至是1∶1的全比例,以使其更加准确和清晰。

(三)轴测图

轴测图也叫"平行透视图",能给人一种立体感。虽然在视觉上是扭曲的,但是因为比较容易绘制,可以利用一定的比例,所以可以很准确地表达物体的尺度和比例关系,适合对建筑的体量和结构体系进行简洁易懂的描述,还可以用来描述家具等小物件。

(四)透视图

尽管二维平面和立面对于实际施工来说更为逼真,但这些图纸对于未经培训的人来说往往难以理解。透视图的使用缩短了二维空间图形的想象与三维结构之间的差距,弥补了平面图表现力的不足,是设计师与他人交流或表达的最普遍的方式,能够传达有意识的计划。透视法在15世纪的意大利艺术家手中得到了完善,利用透视可以在二维纸上表现出三维深度空间的真实效果,通过线条、光影、纹理和色彩增强其真实感,符合我们的肉眼观察效果。视觉体验基本一致,可以呈现出尚不存在的建筑效果(摄影无法做到)。

透视图有两种类型:手绘和电脑绘制。手绘透视图通常使用水彩、水粉、马克笔和彩色铅笔等材料绘制。设计师需要掌握一定的绘画原理、艺术基础以及相关的经验和技能。而对于电脑绘图来说,计算机设备硬件和软件的不断改进,使其不仅使用起来更加方便快捷,即使是没有接受过专业设计教育的人也能掌握。计算机对物体的材质、纹理和光线的模拟和表现,达到了接近现实的效果,很容易为外行所接受,因此目前市场上大多采用计算机绘制的透视图。

二、模型的展示

模型通常是指以特定比例制作的具有三维空间属性的三维模型,用于模拟设计。模型不仅可以更直观地表达我们的设计意图和想法,而且是一种非常有效的设计辅助工具。

设计师在这个阶段使用概念模型表达是为了更具有完整性、真实性和直观性。模型的直观影响远非视觉表现所能达到。对于外行来说,模型是评估设计和做出决策的最佳方式。模型还具有很强的展示和广告效果,对工程项目起到积极的推动作用。模型也是设计师在构思阶段经常使用的工具。与草图表达相比,概念模型因其具有直观性、真实性和体验性强的特点而在构思阶段发挥着重要作用,其三维空间表达更接近环境艺术设计的空间特征。

在模型制作过程中需要注意推敲和检查设计。一般来说,模型仅作为设计结果的表现。在国外,许多设计师在设计过程中经常使用模型来验证设计,他们将模型制作视为设计过程中的工具,而不仅仅是设计的结果。

规划设计和建筑设计模型比较常见,室内设计很少通过模型来表达。即使制作了室内模型,它们也不同于建筑模型,它们通常没有天花板,目的是了解室内空间的构成和组织,便于从上方观看。一些大型的室内模型还可以让人们有更大的直观效果,方便从不同角度进行观察研究,或者进行技术实验和测试,如在歌剧院、音乐厅等场所进行声学和光学实验。

三、计算机辅助设计

在室内设计的创作过程中,计算机辅助技术极大地改变了室内设计的表达方式,在设计思维的表达中发挥着越来越重要的作用,设计师们也正在完善自己的设计理念。计算机辅助设计最大的优点是虚拟效果的"真实性和客观性"。计算机的弱点也很明显,即"设计思维"和"表达设计"两者之间的距离似乎"很大"。"思维"与"表达"的不同步严重限制了计算机在设计构思阶段的应用。计算机具有巨大的信息存储和检索能力,可以通过互联网为设计人员提供海量的信息来源,使设计人员能够快速获得有效的信息。设计人员可以在信息库中进行查询,获得全面而有价值的信息,促进思考。计算机还通过建模分析设计条件和模拟环境,开拓设计思维。在构思阶段,计算机可以理解设计概念构思和可视化设计元素,使用三维概念模型进行检查,并使用该模型创建多视觉评估的图形以及各种复杂空间的投影和剖面图。

此外,3D计算机模型和效果图以及数字技术的巨大表现力,可以从不同的角度充分体现环境艺术设计的创造力和概念设计的成果。随着计算机相关软件的技术进步和计算机的日益普及,计算机表达已成为设计和创作阶段的主流表达方式。在某种程度上,计算机已经取代了手绘平面图、立面图和剖面图。此外,计算机三维动画模拟技术还可以在设计方案完成后,准确虚拟出实际的空间效果。

第三节　室内设计的程序与步骤

室内设计过程一般分为以下三个阶段。

一、设计策划阶段

（一）调查阶段

设计规划阶段的工作应该建立在对设计任务的透彻理解的基础上。面对室内设计任务,首先要了解它的基本情况,如:一般来说,对于较大的室内项目,有些问题会以项目作业的形式进行说明。在提供相关的建筑或室内设计图纸时,还需要仔细阅读图纸,了解建筑的方位、平面图、结构类型和形式特征,并结合不同的平面、立面和剖面,了解建筑物的基本外观和室内空间。同时,在图纸上明确各种供暖、电气、消防等水暖设备的布置。在此基础上确定调查设计的目的和任务。

设计研究的目的和任务是直接为设计服务的,所以需要明确研究对设计的支持程度,并尽可能准确地做出预期判断。例如,在剧院的室内设计中考察各种扩声装置的技术参数,以便在设计上能够更好地考虑房间的声学效果。在疗养院的室内设计中,需要了解病人的心理、生活和护理情况,这是为了在功能和环境氛围等方面提出更有针对性的设计方案。

(二)概念阶段

设计概念阶段是指对项目的功能定位、风格、技术结构等的总体设想。它是基于整体认识和初步研究的理解,是方案设计的前奏。设计理念重在构思和主题定位,部分抽象,但方向和形式要清晰。这种概念和主题定位为未来的设计发展设定了基本方向,因此是室内设计的核心。

创造设计理念需要缜密的研究和分析以及良好的联想和创造力。在设计研究过程中,各种信息因素不断对设计师产生多层次、多维度的刺激,呈现出相互交织的局面。一方面,设计师要理清思路,不断探索更有价值的关注点;另一方面,设计师通过对研究信息的反应和碰撞,利用经验和积累,利用他们的想象力,激发出灵感的火花,最终形成创意的设计理念。

设计的理念可以从对项目的理解开始,从几个层次和角度出发,如功能特征、空间形态、地域文化、历史文脉、色彩、光影、材料结构、艺术特色等。设计理念通常以特定主题的形式体现,如揭示历史文脉、主题、突出技术因素等。

二、设计方案阶段

这一阶段的工作必须根据初步研究,通过创意构思,形成一个清晰、完整、可行的设计理念。

(一)目的与内容

在工作中,设计师要深入了解设计理念,系统地构思、质疑、定型室内的各种因素,从整体到局部,最后以示意图的形式表现出来。

一个室内设计项目会产生不同的设计理念,一个设计理念在实施一个具体的方案时也可以有多种表现形式。同时,在方案设计的过程中,还受到各种因素的制约,如建筑结构、功能、工程造价、技术条件等。为了更理想地解决这些问题,会有一个不断分析、归纳、评价、判断和优化的过程。因此,在设计方案时,既需要良好的创造力和想象力,也需要严密的逻辑。

空间概念设计一般可分为明确设计理念、设计方案、深化方案和出图。每一个环节都要解决几个问题,如在构思设计理念的时候,要不断发现有价值的问题,尽情发挥想象,提出独特的、有创意的主题,在设计平面图的时候一定要制订好方案。在深化规划中,要对室内细节、功能、物理环境和家具配件要进行更精细的设计。

（二）基本步骤

设计概念完善与深化这一阶段的工作需要结合前期调研的成果,进一步分析项目的现实情况,形成完整而富有创意的设计概念,并将其转化为可以进行具体操作的设计内容。

在设计概念的构思中,敏锐地剖析和发现有价值的问题是工作的重要手段。设计方案的主题,在很大程度上会被项目中产生的并最受重视的主要矛盾所制约,而这种制约从另一个角度来看,恰恰会引导设计构思的演进,成为推进设计的驱动力。

一个设计项目有很多需要解决的问题,但什么问题是更为重要和独特的,就成为思考的聚焦点,这需要设计师有不落俗套的视角和敏锐的观察力。独特的问题往往能产生独特的设计概念,并最终形成设计方案的独特性。因此,从某种意义上来说,一个设计概念的价值往往取决于是否发掘出更有价值的问题。

随着生活方式的多元化,人们对室内空间需求也不断变化,并不断带来新的问题,这都会为设计师带来更多的设计课题和设计灵感。例如,美国 L.E.FT 设计工作室在一个酒吧的室内设计中,通过对人们在酒吧中各种活动的分析,将饮酒和前往盥洗间两种行为作为设计构思的主要问题。该方案设计了一条 BAC 线(估算血液酒精含量)连接着吧台前的入口和盥洗室,这条线贯穿整个室内,成为醉酒和清醒的分界线。同时,它也是地面的"折线",两边地面都有 5% 的斜度,这一斜坡为进入酒吧的清醒的人们提供了约 0.3m 的高度,以利于在朦胧光线下找到同伴,同时也给酒醉者提供了去盥洗室的清晰路线。

设计项目的外部条件对设计概念的明确会产生一系列影响。总体方面如地域环境特征、功能要求、技术条件与项目造价等，细节方面包括房间的形状、朝向、景观、光照等，都会影响设计概念的可行性。

面对已经形成的建筑条件，室内设计师要深入了解其各方面情况，哪些是承重结构，哪些是非承重结构；原有的走廊、楼梯、电梯在原建筑平面中所形成动线的基本格局是什么；原有的空间形态、采光和管道分布的特征是什么……审视各种建筑条件的时候，进一步分析哪些因素会限制设计概念的落实或是有利于设计概念的发挥，并做出针对性的回应。例如，设计师彭长武在某品牌服装专卖店的室内设计中，确定了通过空间面貌来诠释品牌内涵的设计概念，即力图使空间具有与该品牌服装同样的硬朗、粗犷、冷峻和前卫的气质。由于专卖店位于一幢仿古建筑内，所以空间主题与建筑很难协调。方案选择了"两层皮"的处理办法，将一个磨砂玻璃的箱体植入建筑物，形成一个独立的空间，而玻璃的材质特征又使其对建筑外立面的影响降至最低。内外两层立面互不干扰，从而保障了设计概念的顺利实施。

（三）整体构思与形成

在完成了实现设计理念的主导因素的构想后，可以有条不紊地进行方案的整体设计。在这个阶段，需要充分考虑空间中各种功能、形状、材料和结构的实现，包括层布局、空间形状处理、界面设计等。但是，在设计中，围绕设计的各个环节概念要集中处理，形成有效的互动，使方案在以后的过程中始终保持清晰无误的外观。

在平面布局等空间功能设计中，应充分分析研究人在不同功能空间的行为及相关需求，并在此基础上结合建筑结构的实际情况，对原有建筑空间进行充分的分析和研究。合理调整以适应室内设计的完整，二次空间设计使各种空间在形状、大小、比例和组织关系上更加合理。在不同的设计阶段，要明确优先因素，确定方案设计过程中的顺序和节奏。同时，在设计上也要保持一个整体的概念，敏锐地把握各种因素的相互作用，将空间与界面，虚体与实体，形式、结构与功能等有机结合起来，进行总体规划。

以界面设计为例，室内界面包括屋顶、墙壁、地板和各种隔断等围合空间的各种单元和半单元。不同的界面处理方式对内部域感、方向感和装饰感有不同的影响。

立面的垂直分割使空间收缩和上升；立面的水平分割使空间开阔而低沉；暗面降低空间，亮面提升空间；石材和玻璃让空间变得冰冷，而木材则赋予空间亲切感……同时，室内的其他因素也对空间产生了影响，它们也会加强或削弱对空间影响力的传达。

在设计和完成室内的任何方面时，应评估它是否在整体计划中得到控制，以及它是否与室内的其他元素产生协同作用。这就要求设计者在设计模式时始终保持不同元素之间关联的概念，以使设计模式最终能够形成一致的完整性。

（四）细化与制图

在设计工作中，可能会遇到前期方案设计所没有考虑到的问题，有些问题甚至会使设计出现硬伤，这就需要根据情况对方案进行局部的调整，舍弃原有方案中不合理的成分。在设计调整的同时，尽量不要削弱方案的主题和独特性。设计方案的深入程度越高，问题就解决得越周到，能为整个室内工程项目的运行带来更加可靠的保障。

例如在家具设计中，要充分满足人体工程学的要求。为了强调设计方案的独特性和完整性，灯具、饰品和配件也是方案配套设计的对象，要注意把握局部与整体的关系，使最初的设计概念能贯彻到细节中去。

相较方案的形成阶段，方案的深化设计需要面对更多的具体问题，在设计过程中会遇到多个目标，常常在满足一个方面的同时，却会对另一方面产生不利影响。例如，在吊顶的设计中，空调风口和检修孔会破坏顶面的形式，但前者又是功能上的需要。这样设计者就必须对送风形式、检修孔形式或吊顶进行调整。

方案的细化设计中还应该处理好各种规范上的要求和技术问题，如消防法规的落实、节能措施的应用以及无障碍设计规范的贯彻等。设计方案经审定通过后，方可进行施工图设计。方案图为后面的施工图设计建立起基本的框架，方案图在制图上的精确性，使其本身就成为施工图的一个组成部分。

方案的细化是在各种特定连接中对内部进行彻底设计的过程。之前的规划已经基本完成了室内的功能和形态设计，包括层次的布局和组织、空间形态的规划、主界面的设计、材料和结构的设计等,这些决定了室内空间的基本面貌。

方案的细化需要对各种内部因素进行更微观的设计处理,同时为方案提供更详细的技术和经济可行性支持。

例如,通过进一步深化功能设计,完成对室内物理环境照明、通风、温湿度等各种细节的功能处理,协调通风、消防、电源电路等管道装置的关系,使计划更加合理和完整;控制工程造价的数量、规格和型号以及主要结构类型;围绕设计理念进行室内装饰艺术设计,完成家具、灯具、陈设、绿化等的设计选择。

三、施工图设计与实施

(一)施工图设计

室内施工图设计是指通过材料、结构和技术的概念,将设计方案转化为施工图基础的过程。在室内工程项目中,设计图纸是设计理念变为现实的重要载体,必须详细准确地反映施工工程的具体要求。

在设计理念从抽象到现实的转化过程中,设计图是专业交流的语言,是施工控制的依据和竣工后检验的标准,因此具有严格的系统化、标准化的特点。这就要求设计人员在工作中对建筑结构和水、热、电、消防等各种设备有详细的了解,对材料和结构进行广泛的处理,以保证设计的合理性和安全性。同时,不同图纸要严格符合设计规范,表达规划设计要求,字母数字标注要详细准确,不同图纸之间要有逻辑关系。

室内空间可以理解为由不同的室内装饰材料形成的环境,按照特定的结构组织起来。材料是室内空间的基本构成,而结构是形成室内环境的逻辑组织。因此,在设计工程图纸时,材料和结构就成为最重要的加工对象。设计师需要围绕设计方案的核心,结合技术、设备、造价、各种相关规格、不同功能空间的要求等具体条件,合理选择和加工材料,进行构思。图形分析和不同设计方案的比较与综合是设计图构建中常用的方法。

施工图规划包括选择和处理适合施工现场的材料,完成结构规划和创建施工图。这需要一致的逻辑思维和分析思维,因为对新材料和新结构的研究也是这项工作的重要组成部分。施工规划不仅是设计方案实施的具体过程,也是整个室内设计工作的重要创新环节。

绘制施工图时,应注意施工图由表示特定含义的线条、象形图、符号、字符和数字组成。绘制施工图作为传达和实施设计思想的技术图纸,必须遵循规范、系统、精确的原则。

规范性是指文字、数字的刻字或线型 H 符号的使用必须符合图纸标准,才能使图纸清晰易读。

系统性是指图纸之间应有严格的内在联系。空间的出现或形状的节点需要多个图表系统地表达出来。这些相关的图,无论是平面图、立面图、剖面图还是节点详图,都形成了严格的对应关系。同时,要对图纸进行统一编号,建立准确的索引系统,使图纸之间形成有机的联系。

准确性是指施工的各种细节应在图纸中详细准确地表达出来,例如:对规格型号等进行充分、细致、准确的解释。一些结构和技术要求也应视情况用文字说明。

为了使图形表达更清晰、更直观,除了二维图外,还可以使用轴测图甚至透视图等三维图来补充一些更复杂的物理结构。立体图可以结合其他设计图进行多角度立体展示,可以帮助设计人员更方便地了解室内结构的整体外观。例如,楼梯工程图在包含楼梯的平面图、立面图和轴测图,以便从整体到局部全面直观地理解结构。

施工图由不同的线型、注释和符号组成,并且是详细的。如果在图纸中处理不当,这些因素往往会导致混乱的重叠,干扰阅读图纸。应通过合理的构图进行处理,使画面层次分明,具有美感。

(二)设计实施

室内造型的设计一定要以单元的造型为基础,单元造型是空间造型的要素之一,装饰材料以实心或实皮的形式出现。我们要以不同的手段进行处理,如光影效果和结构方法。采用不同的方法,会呈现出各种不同的个性和特点,赋予房间特定的气质和韵味。并将设计好的二维世界变成真实的三维世界,让艺术更贴近我们的生活。不同的装饰材料赋予不同的装饰效果。到目前为止,材料的质感和质感效果越来越受到关注,为了让设计效果更具创新性,实现设计师的追求目标,设计师的材料选择非常重要。

当代设计在材料的使用上更具包容性和多样性,是表达空间精神和思想的主要媒介。作为设计师,应该善于探索材料的表现力,用普通的材料创造不寻常的建筑空间。例如,美国加州酒厂的建筑是雅克·赫尔佐格 & 皮埃尔·德·梅隆使用石材的创意经典,它利用石材幕墙的缝隙将外部光线引入空间,使厚重的石头具备透明玻璃的灵性。又如,由盖里设计的位于纽约苏荷区的三宅一生以一种独特的效果吸引了人们的注意,这种效果可以软化扁平的不锈钢并用光线对其进行雕刻,极具新颖、奇特、动感的造型,创造性的材料运用和奇特的施工方法,赋予了空间新的意义。

第五章　室内设计要素

　　随着社会的发展和人们物质文化生活水平的提高,室内设计不仅需要实现合理舒适的功能,更需要注重精神想象的创造。室内设计通过各要素的表达有意识地提高生活环境的艺术品位,以满足人们物质生活和精神世界的需要。设计师在设计中要掌握各要素的创意构思,通过使用不同形式的语言和手段,从而满足人们对室内设计的审美需求。本章将对室内设计中涉及的一些要素展开论述。

第一节　室内色彩设计

一、色彩的特性与环境作用

（一）色彩的特性

色彩以视觉感知的形式呈现给我们的感官。就像人的感受一样，色彩也有很大的差异，色彩的特征通常是在视觉上表现出来的，如兴奋、平静、美丽、朴素、积极和消极等。

令人兴奋的色彩包括纯红色、橙色、黄色等暖色系；而蓝色、蓝绿色、蓝紫色和其他偏冷色，则给人以沉默和消极的感觉。

如果从纯度上考虑色彩，即使是令人兴奋的色彩，降低它们的纯度也会降低它们的兴奋性和积极性。色彩的兴奋性或积极性可按纯度高低进行划分，纯度按照程度可分为高纯度、中纯度和低纯度。

同一种色彩的明度越高，色彩越刺激；明度越低，色彩越沉稳，越消极。

色彩的运用有时给人一种奇妙而绚丽的感觉，有时不同的组合又给人一种古朴典雅的感觉。一般色彩纯度高，给人一种奇妙而绚丽的感觉；而色彩纯度低，则给人一种古朴典雅的感觉。从色彩亮度的角度来看，亮色令人惊艳，暗色意味着简洁。当然，色彩的具体配置需要练习才能达到最合适的需求。金色和银色的美需要通过其他色彩的配置来体现。例如，在节日舞厅的色彩设计中，可以考虑使用更多刺激、积极的色彩，色彩的纯度要高一些，然后用金银装饰营造出一种刺激的色彩氛围。

在冷饮、冷食店的色彩设计中，宜选用较为沉稳、淡雅的冷色系，如蓝色、蓝绿色、青色等。尤其是我国南部，阳光充足，气温很高，冷色的大量使用让人感到凉爽。

除了色彩纯度、明度和色调的运用外，还可以感受到色彩丰富的性格特征。不同的色彩图案也会产生不同的色彩性格，松散沉闷的质地、无光泽很容易给人一种简单的感觉。

色彩也有活泼忧郁的气氛,明亮的房间可以营造轻快活泼的气氛,黑暗的房间有压抑和沉闷的感觉。亮度越高,给人的感觉就越愉悦和放松;而亮度越低,越容易让人感到沉闷和沮丧。

不同的色相理念会引起人们不同的情感印象,这在许多文本和诗歌中得到了准确的表达。北宋诗人周邦彦写"雁背夕阳红欲暮",清代作家曹雪芹写"且看晴蛉中乌金翅者,四翼虽墨,日光辉映,则诸色毕显。金碧之中,黄绿青紫,闪耀变化,信难状写"。色与光结合,光与色共显,光与色齐备,让人产生丰富多彩的情感共鸣。

没有光的世界是死寂的,阳光给世间万物带来生机,也塑造了人类对色彩的感官功能。色彩是这样的,亮度越高,人的情绪越激动;亮度越低,人的情绪就越低落。同时,无论是亮色还是较淡色,都需要进行适量的反向调整,这是色彩使用的规律。

对色彩本质特性的全面了解,可以让我们用色彩更好地服务于室内设计。

(二)色彩的环境作用

要让环境营造气氛或充满生机,可借助色彩来实现。在绘画中,唯有色彩才能表现出生动的魅力。室内色彩设计的主要目标是激活色彩的吸引力,使色彩相互对比和辉映,从而让我们感受到室内环境的舒适性与愉悦性。

当代色彩研究表明,现代色彩设计侧重于三个不同的方面——结构色彩、表现色彩和印象色彩。所谓结构色彩,必须更加注重色阶的运用,关注色彩本身在环境中的明暗度和纯度,以达到具有韵律和节奏的色彩空间结构的和谐。表现色彩注重色彩的运用,强调色彩的个性化和灵活运用,使室内的色彩不受原有室内结构的限制,或者更强调色彩的情感功能。印象色彩更注重用软装表现,除了固定用户界面的结构外,窗帘、幔、床罩和各种织物也装饰了内部。这些部分大多是随机灵活的色彩组合,但更能体现个人性格和喜好。

软装部分可以说更能体现空间主人的个人品位和文化品质,通常软装主要由装修人员自己完成,风格或个性都取决于设计师和业主的决定。在实施软装之前,还必须遵循整体印象的原则,即软装的色彩倾向必须将室内界面的色调作为参考色标,特别是占用空间大的软装部分,如窗帘、床罩等。对于其他较小的软装饰物品,可以大胆使用自己喜欢的色彩。

随着现代色彩理论的深入研究,人们对色彩的理解不断加深,对色彩如何发挥作用的理解也日益加深,这使得色彩成为室内设计中一个非常重要的环节。因此,在设计中应多加注意色彩对人的生理和心理的影响。

色彩是室内环境的气氛和意境设计的最关键的因素,因为色彩是环境中最生动、最活跃的元素(图 5-1)。

图 5-1　暖色调的酒店大堂设计

实验表明,色彩环境功能的实现主要被看作是一系列生理、心理和类似的物理效应。充分利用色彩本身的一些特性,可以使色彩设计具有动人的魅力。

色彩的"调和"就是使系统色成为一种动静对立的统一,使不同的色彩观可以在一个系统色标上达到狭义上的静态调和,是色彩的统一。

在环境中,色彩的视觉效果让我们产生一些物理感受,如冷暖、距离、重量、大小等。在色彩科学中,我们将不同的色调分为暖、冷、温和。红紫色、红色、橙色、黄色到黄绿色等被称为"热色",其中橙色是最暖的。青紫色、青色到青绿色被称为"冷色",青色是最冷的色彩。紫色是红色和青色的混合物,绿色是黄色和青色的混合物,它们都属于温和色系。

在色彩环境中,色彩具有距离感,色彩可以让人感觉到凹凸和距离。一般来说,暖色和亮色具有推进、突出、接近的效果。 而冷色和明度比较低的色彩具有退缩、凹陷和后退的效果。在室内环境中,我们可以利用色彩的属性来改变空间的环境。如果空间太高,应用特写的色彩来减少开放感,增强亲密感;如果墙面太宽,则使用收缩的色彩;如果柱子太细,要使用浅色;如果柱子太粗,应选择深色,以减少笨粗感。

色彩是一种可以很容易地在环境中创建效果的元素。想要改变某个空间的心情,可以从色彩入手,这样可以降低成本,让施工更容易。春、夏、秋、冬的季节变化可以通过改变某个空间的色彩来表现,也可以根据心情需要改变。

色彩也会影响人对空间和光线的感觉,即使是色调的微小变化也会使整个房间看起来更温暖或更大。任何人都可以让死气沉沉的空间变得欢快喜庆,巧妙地运用色彩可以改善我们的环境,让普通的空间变得与众不同,彰显我们的品位。

二、室内色彩设计的原则

(一)整体统一的原则

在室内环境中,不同的色彩在空间中相互作用,和谐与对比是最基本的关系,室内色彩设计的关键是如何正确处理这种关系。配色以色相、明度、纯度三个色彩元素为基础,使用这三个元素,遵循视觉规律,使它们紧密结合,营造统一感。但是,整体与统一要避免无聊和单调,在相对关系中寻找色彩的和谐,这种和谐和对比应该通过色彩的冷暖、光影和纯度来实现。例如,如果室内的一般色彩风格是暖色的,那么就需要在冷色中获取一些局部色彩,以在均匀的暖色中产生少量冷色。相反,同样适用。

根据这一原则,在整体的统一中,我们在处理色彩的明暗与纯度时,还要考虑整体与局部的明暗对比。

色彩对比度是指色彩的亮度与色彩之间的距离感。如果内部色彩的反差太大,会让人感到困惑和精神上的不舒服。例如深邃的夜空,如此神秘无垠的感觉可以选用星光点缀,如果没有闪烁的星光,深邃的夜空很难让我们的心灵平静下来。同样,带有少许蓝色的暖黄色会使黄色看起来更黄,蓝色看起来更蓝。色度的魅力在于对比元素的统一与和谐,即在室内设计中,坚持小面积的对比色,而大面积的则是和谐统一的色彩,可以充分展现出色彩的魅力。

色彩的规律也是在协调中求变化,重点是整体协调。当然,内部空间的功能是不同的,每个空间都可以考虑一个特定的操作功能,它决定了每个空间界面的主色调。

（二）符合空间需求的原则

每个室内空间都有不同的功能,色彩设计要根据其功能的不同而变化。考虑使用色调来设置空间的气氛。高亮度的色彩可以营造出耀眼的室内效果;而柔和的色彩可以实现更柔和有趣的效果,更容易产生"隐私"和温暖的感觉。

室内空间对人们具有永久的意义,因为我们大部分时间都在室内度过。如果我们想在这样的空间中工作和生活,室内的色彩设计不可避免地会影响我们的精神。我们可以使用不同的、相对纯度较低的色彩来营造安静、柔和、舒适的空间氛围。用纯度较高、更明亮的色彩,营造出快乐、活泼、刺激的空间氛围,非常适合儿童活动生活空间或公共购物娱乐场所。

在规划室内色彩时,还应考虑人们对色彩的情绪。不同的色彩对人有不同的心理影响。例如,黑色只能用作装饰,如果大面积使用黑色,任何人都无法忍受。各个年龄段的人对色彩的感受和接受程度都不同。稳定性强的色彩更适合老年人,因为沉稳的色彩有利于老年人的身心健康;而对比色多的空间比较适合年轻人,这种色彩配置给人一种节奏比较快的感觉。对于儿童来说,浅蓝色和粉红色等更纯净的色彩是合适的。

每个特定的内部空间都有自己的空间构成。所谓空间构成,是指构成每个空间界面的节点、凸凹转折点等。这些因素构成了给定空间的组成特征。在这些不同的空间因素中,应该考虑主要空间的颜色。色彩的主色调在每个室内空间都有引导、衬托和陪衬的作用。在这个阶段,需要仔细思考协调对比和主体背景的关系。构成室内色彩主色调的因素可以从明度、色彩、纯度和对比度来理解,关键是统一和变化的因素。同时,在处理空间界面统一和变化的原则时,我们也可以更大胆地思考,色彩不一定完全依附于空间界面的节点,有时也可以独立于节点空间界面。由于使用了色彩,它更具弹性和柔韧性。就像看一本设计精美的书皮一样,在有限的封面规格中,色彩的使用可能无法完全按照有限的规格填满空间,但可以根据有限的规格空间实施艺术色彩设计。变化和统一应该灵活地理解。

必须在统一的基础上求变,为了达到独树一帜的效果,大面积的色彩不要选择过于鲜艳的色彩,而小面积的色块可以提高亮度和纯度。此外,室内的色彩设计要体现一种稳重和韵律感。

如果设计师想达到这个目标,就需要考虑一种方法来逐渐增加或减少色阶,并按计划改变色阶。为了保证色彩的稳定感,可以考虑空间上下色彩的比例。室内色彩的起伏应形成一定的韵律感和节奏感,否则空间的色彩会变得杂乱无章。

(三)满足功能需求的原则

室内色彩设计的任务主要体现在色彩对人的生理的和心理的影响上。任何进入新环境的人,普遍的习惯是用视觉浏览周围的环境,而在一定的室内空间中,无论人们是否注意视觉,色彩总是最先被感知的。例如,在炎热的夏天,让人们进入涂成蓝色的室内会立即感到轻松和凉爽;而在寒冷的冬天,让人们进入涂成红色或橙色的室内也会产生温暖的感觉。因此,色彩的运用离不开功能分析,一个合适的色彩环境直接关系到人们的健康、舒适、效率和心情。如何使一种色彩完美地服务于室内的功能,需要对色彩的特性有一定的了解,尤其是色彩对人的生理的和心理的影响。

色彩对人的生理和心理的影响有很多含义,不同的人对色彩有不同的感受。我们专注于通用色彩识别,这种色彩身份的普遍意义源于生活经历和色彩引起的联想。

红色让我们想起了太阳。在太阳的帮助下,所有的生命都可以诞生。因此有抽象意义上的"尊重"和"伟大"。同样,红色可以唤起我们对鲜血和战争的联想以及产生恐慌和不安的感觉。红色被描述为更宽的印象色彩。因为红色系列中有很多不同的红色,大地红给人一种沉稳厚重的印象,而粉色给人一种明亮、健康、积极的感觉。这是因为红色的亮度发生了变化,其色彩组合也随之发生了变化。黄色就像阳光普照的大地一样,给人温暖、明亮、活跃、兴奋的感觉;绿色是大自然的色彩,美丽而优雅,是一种非常美丽的色彩,抽象的含义有包容、大方、宁静、和平的感觉。蓝色让人联想到无垠的宇宙和浩瀚的地球,也有永恒的抽象意义。在考虑与室内功能的组合时,色彩的味觉非常重要。色彩也可以传达味觉,如酸、甜、苦、辣等。在餐厅的色彩中,应考虑使用橙色、黑色、红色等。在餐厅使用这样的色彩可以增加人们的食欲。色彩不仅有味觉,还具有让人情绪波动的特性。在一定的色彩环境下,人们会感到情绪紧张、压抑、快乐、动荡和平静。因此,在设计色彩时,可以使用更协调的色彩,在这样的色彩环境中不会受到更多的视觉刺激,有利于休息和放松。当然,一味追求和谐统一不改变的色彩,室内的色彩也会失去生机和活力。统一与和谐是通过掌握色调来实现的。

室内空间的使用目的不同,色彩设计也要根据功能的不同而变化。室内空间可以使用色调和纯度来营造氛围。卧室、办公室和会议室应以灰色为主色调,营造出安静、柔和、舒适的空间氛围。在商场、舞厅或其他娱乐场所,使用明亮、干净的色彩和多变的灯光效果,能够营造出欢乐活泼的空间氛围。

色彩是最感性的,也是最富变化的。色彩的巧妙运用可以获得美妙的色彩效果,为人们营造和谐舒适的室内空间。

（四）格调与情趣的原则

室内色彩设计应该从更积极的角度来理解,色彩的构成要满足功能的需要,最重要的是满足人们的情感意愿。每个人都有自己的爱好和习惯,这种爱好和习惯是个人的倾向,不是普遍的倾向。因此,在室内色彩的设计和构成上,要充分考虑个人风格和品位的特点。每一个高级室内设计师都具备这种品质,而作为某个室内空间的拥有者,他也必须对自己的品位和风格有一个清晰的把握。

风格和品位的视觉内涵必须从多个角度去理解。风格是一种体现个人品位的表现,就像戴帽子,有人喜欢休闲风,有人喜欢绅士风。室内设计也一样,有人喜欢独特品位,室内色彩设计可以满足许多不同的要求。

室内的色彩应该理解为动态的,而不是静态的。所谓动态,就是色彩本身因合理完美的配置而产生和谐而动感的色彩视觉,当色彩配置过于简单时,会因色调配置不合理而出现色彩停滞、死板等现象。

正是在色彩的动态中,才能体现出色彩的格调与品位,设计师可以从室内空间的界面、室内空间的节点以及众多软装的呼应与调整中大胆地形象化。设计师要遵循室内界面的原始结构，大胆创造性地使用原始结构来创造色彩。无论是形式结构还是色彩运用，一切皆有可能，就像当代艺术设计一样，产生了后现代设计艺术、高科技设计艺术、超现实设计艺术、国际风格设计艺术等。室内色彩设计，如果没有格调和品位，整个室内色彩一定是平淡无奇的。

众多优秀室内设计师的设计作品之所以让我们印象深刻、难以忘怀，正是因为他们对风格和品位的完美挖掘和呈现。如果说整体是室内色彩的框架，那么风格和品位可以说是室内色彩的生命。

第二节　室内照明设计

一、天然光源与人工光源

（一）天然光源

光是一种能量形式，本身发光的物体通常称为"光源"。我们目前使用的光源主要是天然光源和人工光源。天然光源主要是指对阳光的有效利用，包括阳光发出辐射光谱中的可见光，以及不可见的红外线（产生热量的长波长）和紫外线（短波长）。阳光中含有紫外线，它会辐射能量并带来对人类健康和生活至关重要的温暖。

按照可持续发展的原则，天然光源和自然通风越来越受到大家的赞赏。但对于设计师来说，设计的难点在于控制入射阳光的量和方向。日光从早到晚随着天气的变化而变化，因此在朝南和朝西的房间里，设计师使用柔和、冷色调来平衡阳光和温暖的反射。设计师还可以根据项目方位、地理、气候等因素设计出最合适的采光窗，通过引入日光来减少眩光，改善室内环境。

在当前的一些住宅设计和餐饮商业项目中，天然光源已经被用作装饰元素，主要是因为它们不仅可以补充热量，还可以发出柔和的光线，营造温馨的氛围。

（二）人工光源

人工光源是通过转换电能而发光并使用不同的功率来识别的光源。它照亮空间,并根据照明的需要产生强弱对比。它的特点是具有清晰的光斑,即具有清晰阴影和清晰下降区的灯位投射。空间的主光往往是由主照明决定的,主光是照度最高、室内照明可以选择范围最广的人工光,如吊灯、光纤灯等。

二、照明与心理效应

照明是情绪和气氛的心理调节器,因此在住宅和商业空间的照明设计中,不仅要考虑照明的物理参数和人的生理需求,还要考虑其对人的心理影响。在规划照明时,请注意以下几点:

（1）光与人的生活和人自身息息相关。

（2）光可以传达和平、安全、温暖、舒适等不同的情感。例如,暖光给人以温暖、喜悦和鼓励的感觉,而冷光给人以平静的感觉。

（3）光能唤起人的情感,如较暗的环境能带来亲近、舒适和放松的感觉,明亮的光能带来动力和活力。

（4）过度照明和眩光会引起刺激、不适、焦虑甚至异常行为。

当然,不同的室内空间、不同功能要求的房间、不同的用户群体对照明的要求是不同的,所以设计要遵循一些基本的设计原则,如照明设计要高效实用,能满足人们的需求。室内活动要增加室内空间的美感,营造舒适宜人的环境,因此应合理选择照明设备,保证灯具和电能的经济性。

三、室内照明常用形式及空间照明层次

（一）室内照明常用形式

室内照明的方式有很多种,在实际的设计工作中通常需要结合不同的情况进行选择。照明方式按灯具的照明方式分为直接照明、半直接照明、半间接照明、间接照明、漫反射照明。按功能分为一般照明、局部照明和重点照明。

1. 一般照明

一般照明也称为"环境照明",它将光线均匀分布在整个室内,并降低聚焦照明产生的高对比度,因此通常用作背景照明。

2. 局部照明

局部照明主要是局部功能性照明,如在办公室台面工作时、做饭时或在家打扫时进行局部照明,因此有时也称为"工作照明"。这种类型的照明通常与活动区域相邻,并且必须控制眩光和阴影。

3. 重点照明

重点照明使用聚焦光束来突出特定对象或区域。这种照明具有刺激作用,容易引起人们的注意。

(二)室内照明的层次

室内照明一般分为三个层次。

第一级是普通光和泛光。例如将枝形吊灯放在房间的中央,这种光有时会在短时间内引起不舒服的感觉。

第二级是增强光。它可以表现色调,创造氛围,满足照明需求,如壁灯、台灯、蜡烛。

第三级是任务照明,它照亮特定活动的区域。比如沙发旁边放一盏落地灯,主人可以舒服地坐在那里看书。

四、室内照明设计中的灯具设计

严格来说,灯具是一种产生、引导和分配光的装置。它通常由以下几部分组成一个完整的照明单元:一个或多个灯泡;用于光分布的光学元件;用于固定灯并进行电气连接的电气元件(灯座、镇流器等);机械部分。在灯具的设计和应用中,最强调两个方面:一是灯具的光控元件;另一个是灯具的照明方式,主要是向下投射、直接照明和向上投射。

（一）室内照明灯具

在考虑室内照明的布置时,首先应考虑将照明的布置与室内环境相结合,这样有助于隐藏室内空间的照明电路,使室内的照明成为整个室内环境的组成部分。与室内空间结构密切相关的壁挂式、吸顶式灯具,常被称为"室内照明灯具"。

1. 墙壁安装灯具

灯盘:通常布置在墙面与天花板的交汇处,光线在天花板反射以增加空间的高度,也用于勾勒周围的轮廓,在视觉上扩大空间,使空间显得更宽敞,甚至创造出剪影效果。

壁灯:直接安装在墙壁表面的装饰灯。考虑到灯带电,属于人接触到的危险因素,因此灯具厂家供应的灯具必须符合相应的行业标准。

窗帘灯:光源通常安装在窗帘盒内,在窗帘上反射的光线不仅增加了图案的立体效果,还降低了室内移动时窗帘上出现阴影的可能性,有助于保护隐私。

2. 顶面安装灯具

这类灯具主要安装在天花板,有以下三种形式:嵌入式灯具,光源安装在天花板里;吸顶式灯具,整个灯具暴露在天花板之外;安装在顶面上的悬吊式灯具。

吊灯:最常用的直接照明灯具,往往安装在客厅、接待区、餐厅、贵宾室等空间。灯罩有两种,一种是灯座朝下,光线可以直接射入室内,光线明亮;另一种是灯座朝上,光线在天花板上反射再反射到室内,光线柔和。

筒灯(照明行业常用):外观呈圆柱形,内置光源。根据设计,筒灯可以嵌入或安装在天花板上。

荧光板灯:可用于嵌入、直接或悬挂安装。为了降低成本,标准荧光灯面板的标准尺寸为 $600mm \times 600mm$ 和 $600mm \times 1200mm$。同时,这种灯可以与各种透光罩或百叶窗配合使用,以柔化光线,减少眩光,这在使用电脑显示器和 VDT(视觉显示终端)的领域尤为重要。考虑到天花板的完整性,可以与空调出风口结合使用。

边灯:主要安装在天花板上,向下照射。灯带和窗帘灯类似,区别主要在安装位置。它直接安装在窗户上方,可用于夜间窗户照明。

悬吊灯:是在顶面以下凸起的灯。有不同风格和类型的光源(有时可定制)。考虑到空间比例的影响,在高度约2400mm的房间内,标准安装高度为餐桌上方约750mm,房间高度每增加300mm,安装高度增加75mm。

吸顶灯:靠近顶面安装的封闭式灯。这种类型的照明主要用于直接向下提供足够照明的浴室、厨房。

轨道灯:灯具通常直接安装在天花板的导轨或电线底座上,可任意调节灯具的位置,以达到准确的配光,营造出多种效果,满足多用途空间的需要。

定制照明灯:定制室内照明灯具可用于突出台阶、安全照明栏杆和其他装饰元素。例如,嵌入式落地灯主要用于飞机、剧院或楼梯的应急照明。

光纤:这是一种实现自定义效果的装饰照明。光纤由一束细长的圆柱形光纤组成,这些光纤本身不发光,而是发出通过光纤传播到另一端的光,从而产生照明。光纤体小而轻,可以隐藏在楼梯栏杆或商业展示柜中作为重点照明。

(二)便携式灯具

便携式灯是指非固定安装的灯具,一般包括台灯和落地灯。它是可用于住宅或公共空间的最古老的室内电照明形式,它不仅具有局部照明功能,而且常常在狭小的空间内营造出装饰氛围。

1. 台灯

橱柜、桌面和床头柜中放置的灯具主要分为三种。

罩盖灯:灯泡罩有灯罩,以减少眩光并向上和向下漫射直射光。这种照明友好而令人愉悦,被广泛用于私人活动中。

球面灯:灯罩材质常为磨砂玻璃或纸,可降低光源亮度,发出散射光。这样的灯具外观漂亮,但也容易产生眩光和单调的效果。

反射灯:普通或反射灯泡安装在不透明的反射器中,控制反射器只向一个方向反射光,这种灯通常是可调的。反光板非常适合阅读和工作照明,但它们会在光线中产生过多的对比度,因此最好添加另一个光源以降低对比度。

2.落地灯

落地灯的主要类型与台灯相同。还有一个向上光束落地灯,这意味着所有的光都向上反射以产生使用白炽灯、强大的气体放电灯或卤钨灯的间接光。具有迷人效果的环境照明,通常用于办公室和公共场所。

(三)灯具的选择因素

1.人文因素

从人文的角度来看,视力会随着年龄的增长而恶化,老年人或视障者往往需要更亮的照明。对他们来说,设计师应该提供更高水平的照明或使用便携式灯具进行个人照明。但是,在住宅和商业空间的照明设计中,不仅要考虑照明的物理参数和人的生理需求,还要考虑其对人的心理影响。当灯光影响到人们的情绪时,成功的灯光设计可以提升人们的自我意识。

2.美学因素

从美学上讲,照明应该真正体现和增强室内的设计风格。选择灯具时,应考虑到室内材料和空间比例。一般来说,越简单、越不分散注意力的灯具,越能与室内设计相匹配,效果也越好。例如,铸铁天花板的装饰,就像铸铁一样,融入其背后的照明,突出了酒店的大堂入口。

设计师一般采用以下方法来明智地选择和布置灯具,以在空间中营造装饰效果:

(1)使用聚光灯突出物体或点状区域。

(2)使用散光灯时,光斑面积比射灯大,可以强调某个区域。

(3)洗墙灯,功能介于聚光灯和射灯之间,通常用于照亮墙上的艺术品或其他展示,可以照亮一整面墙。

(4)观景射灯,与洗墙灯的效果相匹配,但透过墙体表面的光线主要用于突出墙体的织物或结构。

(5)环境照明,主要用于在视觉上提升室内空间的尺度。

(6)剪影照明,可以勾勒出物体的装饰轮廓。有时可以在灯前安装植物或锻铁,以在附近的表面上产生有趣的阴影。

3.经济因素

设计师选择的灯具一定不能超过业主的预算,除了最初的购买和安装成本外,还必须考虑到耗电量和维护成本。设计师在照明设计和采购方面的丰富经验可以降低成本并提供充足的照明。以下原则有助于节省能源:

(1)引入多级开关或在每个出口设置开关,可以方便地获得局部区域所需的灯光。

(2)照明必须满足相应的功能要求。例如,厨房台面和书桌比周围的非工作区更亮。

(3)反光灯主要用于重点照明和工作照明。低压聚光灯可用于需要强大的光照的区域。

(4)有时使用位置或投影方向可调的灯是明智的。例如,轨道灯具有很大的灵活性来调整其投影的方向和角度。

(5)根据不同的功能要求使用调光装置,可以调节亮度,延长光源寿命,节约能源。

(6)浅色的表面、墙壁、地板和家具可以反射更多的光,而较暗的房间会吸收更多的光,因此需要更多的照明。

(7)在仓库、地下室等灯具形状不重要的地方,最好使用带工业反光罩的灯具。

(8)必须选择光效高的光源。根据光源的功率和色彩,光源的光输出变化很大。例如,与白炽灯相比,荧光灯可节省约 80% 的电能,即产生 5 ~ 30 倍的光和节约约 20 倍的使用寿命。因此,荧光灯常用于商业空间。例如,商城服务区同时使用顶灯和底灯,既满足了功能需求,又在标准的 300mm × 300mm 天花板上形成了一个视觉兴趣点。

(9)保持灯的反射器、漫射器和光源清洁有助于延长灯的使用寿命。

五、各类型空间的照明设计

照明设计就是在正确的地方获得正确的光线,但选择和布置正确的灯具是一个复杂的过程,以下是针对特定区域的照明设计的一般指南。

大堂和起居区的风格往往决定了室内的整体基调,而照明在其中起着重要作用。白天,该区域应光线充足,以利于从明亮的室外过渡到黑暗的室内;晚上,灯光要稍低一些,为重点照明提供一定的背景照明,但至少要保证基本的视觉照明。当然,接待处的设计目的是让周边区域更加明亮,以引导人流。住宅区通常也非常适合用于突出艺术的戏剧性照明效果。

会客室和客厅通常使用柔和的背景照明和局部重点照明。为了达到这种效果,间接照明和直接照明经常结合使用,但需要注意的是,过度的间接照明会失去设计感。所以,应通过精心挑选的便携式灯具来营造舒适的感觉,以强调房间的视觉焦点。例如,圣达菲灯光的室内照明设计,使用嵌入式筒灯、凸起的采光井、便携式灯和壁炉,营造出温馨舒适的氛围。

在会议室和餐厅,应在餐桌区域周围布置多功能照明灯,以满足各种功能需求。一般照明提供的背景照明相对较低,通过控制调光器可以营造出不同的室内氛围,甚至有所减弱,以满足视听演示的要求。在家庭和餐厅中,创造性地使用重点照明可以避免暗淡的灯光效果,创造视觉趣味,就像烛光可以更好地表现肤色,营造浪漫氛围一样。

办公室、图书馆和学校需要一般照明。使用电脑时,上方的光线应适当扩散以防止眩光,双抛物线百叶窗的荧光灯效果特别好。工作照明在学习和工作空间中也是必不可少的。

家庭活动室进行各种活动,需要灵活的照明设计。一般照明可用于提供基本照明,而工作照明可添加到局部操作区域。在看电视或工作时,电视或电脑屏幕可以反射光线,有效地形成照明环境,因此可以将照明调暗到一定程度,以降低照明对比度,避免眩光。

工作室、厨房、教室和设备室需要安全高效的普通照明。吸顶灯、嵌入式灯、轨道灯等可用于一般照明和去除阴影,而嵌入式灯或台灯可以添加到工作区域或橱柜下方。例如,现代欧式厨房设计,除了满足功能要求外,照明设计还创造了具有视觉趣味的物体,工作表面上方也使用阴影灯来提供工作照明。

像会议室一样,教室有时需要调暗到低亮度来放映幻灯片或投影,但必须使用左手照明,大多数人用右手写字,所以窗户必须在左,必须适度使用自然光。

在卧室里,需要舒适的普通照明和工作照明来进行阅读、化妆、工作和其他活动。直接照明可放置在橱柜、壁橱、座位旁边和床边,效果更好。夜间必须使用较暗的夜灯,重点照明可用于绘画或墙壁展示。

浴室应提供无阴影的剃须、穿衣等照明,天花板的灯、化妆镜两侧的灯或向上的照明,光线从浅色水槽反射。对于一个普通大小的浴室来说,使用镜面灯就足够了,但对于一个有浴缸和淋浴的房间,则需要添加一般照明,而灯具甚至需要密封和防水。

在楼梯间,安全通道需要普通照明,并且楼梯必须清晰可见。楼梯的上下半部可以安装带罩的灯,以避免眩光。

人行通道一般不建议人停下来,所以有基本照明就好。当然,艺术品上的重点照明可以创造出戏剧性的效果,打破单调。

室外花园、平台、院子和道路的夜间照明可以增加视觉舒适度。这在住宅、商业中已经很常见。此外,室外照明可将室内光延伸到室外环境,因此在向外看时,室内外空间的亮度差异是平衡的,从而降低了黑色玻璃的效果。

户外防风雨灯不仅可以放置在悬挑下或外墙外,还经常用于装饰花园的重要区域。通过将灯光向上、向下或向多个方向投射到树木、植被、花园雕像、喷泉、露台、凉亭和其他带有可见或隐藏装置的花园景点,可以创造一种奇妙的感觉。因此,户外照明通常被设计为视觉焦点。

六、室内灯光的应用

在了解了灯光的类型和效果后,下一步就是考虑如何在真实空间中使用这些光源。首先要决定哪些地方需要照明,每一层都要单独控制,否则房间照明效果会很差。

(一)环境氛围的营造

设计师在开始工作之前,要与电工一起进行照明设计,以便他确切知道需要安装灯的位置。目前,需要注意三个照明级别。空间中的照明需要平衡(图5-2),光线需要分布均匀,所以建议使用向下的色调来创造光影。比如在厨房准备饭菜的时候,可以覆盖正在切割物体或工作的光影区域。为营造餐厅欢乐温馨的节日气氛,可安装壁灯,台灯是操作台的重点。对于大面积区域,不需要点光源,而是需要扩展光源。

图 5-2　室内环境氛围灯设计

最重要的是选择灯具,其中人工光源也有很多区别。标准灯泡比荧光灯或 CFL 发出更多的暖光,研究人员测量了光源发出的纳米级色彩波长,自然太阳光的波长为 300 ~ 700nm,其他光源的波长不同。其中最低的是低压钠灯,波长约为 10nm,通常在仓库或停车场中可以看到。

家用灯泡有 2000 多种不同类型,我们大多数人使用标准灯泡,主要是因为人们喜欢它带来的暖色效果。也有例外,如在香港,由于当地气候比较湿热,消费者希望一回家就降温,在选择光源时多使用冷光源。不同的光源给人们带来不同的心情,不同的产品使用不同色彩的光源。比如超市里,在蔬菜和面包之上,暖光可以增强色彩和质感的真实性,吸引我们流连忘返和购买产品。同样的规则也适用于家庭,当考虑向下光时,它定义了使用的功能区域。

（二）眩光的处理

眩光会引起人的烦躁或疲劳。这些身体不适是由自然光、人造光或过度亮度引起的。明亮区域周围的黑暗空间也会使眼睛疲倦和虚弱,因为周边视觉会不断调整明亮和黑暗区域之间的对比度。

眩光分为直射光、反射光、模糊折射光。直射光是视野中的强光或未被充分屏蔽的光源。反射光是从光滑表面反射回来的非常明亮的光。模糊折射光使我们看不到物体,这主要是由于光在物体表面折射形成模糊图像。

白天自然光必须用窗帘遮挡,以减少眩光,而人造光可以通过降低输出来调节其亮度,或使用冷光或调节光线角度来控制眩光。

此外,还有一些使用装置来控制或减少光线眩光的方法。例如,在将灯放在长木板上之前,将光线的方向向上或向下改变;光源的遮光网格,也可以是灯的凹槽,可以作为一种理想的遮光手段;金属或木制网格装置也可以漫射光,以产生更平衡的光分布;可以使用带图案的纹理灯罩或玻璃罩来减少光强度,灯泡本身配置的反射器可以进一步调节亮度和强度。

第三节　室内家具与陈列

一、家具安排

在房间内摆放家具往往是空间规划的重要延伸,直接关系到室内的美感和功能性(图5-3)。按照适当的美学原则摆放家具,能给房间带来很大的美感,也能给房间的使用者带来满足感。但是,如果不考虑其功能性和用户的实际家具需求,很可能达不到预期的效果。同时设计的审美价值也会因家具的使用者为了满足特定方面的实际需求,而对其重新排列。合理的摆放方式一般应同时满足功能和审美需求。

(一)根据功能性安排

房间功能性通常是指使用一定的室内环境以及在该环境下可以进行的相关活动,它往往决定了家具的选择和摆放。在放置家具时,还应该考虑到为房间内可能的功能留有足够的空间。如果房间的重要功能是提供一个聊天的地方,那么合理的布置应该与舒适的座椅相结合,以获得舒适感。

图 5-3　日式简约家具的摆放

（二）根据人为因素安排

家中的一切都是现代人的日常需要,都应该受到尊重。第一次进入房间时,人们可能会注意到壁炉和窗户等典型的静止元素,这是我们的视觉焦点,应该考虑家具摆放的重点。很多人在购买家具时都是靠冲动,而不是充分考虑自己的整体设计需求。这说明家具除了功能性和人的需求外,还必须充分考虑到某些人为因素,这是一件非常重要的事情。例如,人体的大小和家具的比例是摆放家具时必须考虑的因素之一,因为尺寸是否适合一个人是决定家具成功与否的最重要因素之一。室内设计往往还需要考虑有些人可能对活动自由度的要求与大多数人不同。比如坐在轮椅上的人,如果他们想自由移动的话,必须考虑特殊需求。

（三）根据基本家具的组合方式安排

线性排列。它主要是一种沿直线排列家具的方式。由于这也是一种可以容纳更多人的有效安排,因此在许多公共室内很常见。

由两件直角家具组成的 L 型组合,方便互动。这种 L 形可以是两把并排的椅子或靠墙放置的桌子的组合。

U 型组合。通常是 L 型组合的延伸,可以在 L 型模型的基础上增加椅子、沙发、双人沙发床或任何可以坐下的家具构成 U 形组合。这种组合有利于交流,也可以容纳更多的人进行对话。

箱型组合。通常是指在 U 型组合的起点上增加一些座椅,来缩小 U

型组合的间隙。

环形组合和盒形组合,是很相似的组合形状。

平行结构的组合。一种很常见的家具布置形式,既可以强调某个焦点,也可以在原有的非焦点的基础上,为家具组合创造一个焦点。

一件式的组合通常看起来是矛盾的,但请记住,一件独立于其他家具组合的家具通常需要几个小连接,就像通常的阅读椅一样,需要台灯配合,可以放书或打盹。通过台灯和书桌的搭配,使这把椅子更实用,布置也更合理。

二、家具选择的方法

家具的选择应该体现室内设计的个性,这是室内设计最重要的方法之一。家具在现代社会已经发展为一种可以通过其美感触动我们的重要艺术形式。无论有意与否,我们选择的家具在很大程度上反映了我们对价值和设计敏感性的充分理解。由于家具往往是一笔非常大的财务投资,因此在选择家具时,必须综合考虑其设计和制造的质量、功能性和舒适性,同时还要确保耐用和美观。

为了在选择家具时做出最佳选择,必须对相对质量和成本效益有深刻的了解。只有在设计、材料和工艺与家具的价格相匹配的情况下,我们才能称一件家具物有所值。因此,在选择家具时,对材料和生产工艺的全面了解非常重要。

(一)确定类型与数量

室内家具的数量必须根据使用要求和空间大小来确定。在一些空间,如教室、礼堂等,家具的数量往往严格由学生人数和观众人数决定。空间和行距通常在适当的规范中指定。普通房间,如卧室、客房、走廊等,要根据实际需要控制家具的种类和数量,以免造成拥挤和混乱。

家具配置往往对引导人们的生活方式起着非常重要的作用。要通过家具的配置大力推动一种新的生活方式,让人们在审美品位上变得更加高贵。一味追求种类繁多,数量众多,不仅不能体现生活质量的提高,也让家具成为现代生活的负担。

（二）选择适宜的款式

家具风格日新月异，在选择家具风格时，应注重实用效果、舒适度、效益和环境的整体统一性。

注重效率意味着把实用放在首位。传统家具大多是一体式的，而目前的情况需要更加舒适、轻便、精致和灵活的家具，如配套家具、组合家具和多功能家具。比如酒店房间里经常有书桌和梳妆台，但事实是客人不会同时使用这两种家具，所以还是可以通过"合二为一"的方式来满足客户的需求。

方便是指要做到节省时间和精力。在现代办公空间的设计中，带有电子设备和卡片存储系统的办公桌往往是给上班族提供的最舒适的设计形式。

可负担性和易用性通常与提高效率有关。在生产和零售空间中，更需要在家具配置过程中充分考虑效率和效益的可能性。

（三）选择合适的风格

风格和款式是紧密相连的，我们这里所说的风格是指家具的一般特征，主要由造型、色彩、结构、装饰等几个因素决定。

国际上出名的风格有很多，主要有北欧风格、中式风格、东方风格、地中海风格和国际风格。

北欧风格主要起源于北欧不同国家，因此也可以称为"斯堪的纳维亚风格"。它主要崇尚简约、含蓄、朴素的自然美，没有雕刻、人工甚至掩盖材料本身的纹理、色彩和缺陷。此类家具以松木、牛皮、粗棉家纺、草藤等为主，具有非常明显的田园感。

中式风格主要是指明式家具的风格，其典型特点是造型非常厚实，对称、方便、得体，风格非常优雅。中式家具多采用优质木材，如花梨木、柚木等。

东方风格源于中国古代家具和印度、日本等佛教国家的家具造型风格。在单独列出中式进行讨论时，东方风格也可以指亚洲家具的各种风格。

地中海风格最早出现在地中海沿岸不同国家的酒店中。它最大的特点就是非常简洁明了，自由好用，大方。它采用与大海密切相关的白色、蓝色和绿色等多种冷色调设计。

国际风格往往以新奇为特征,它使用了大量的室内材料,如钢、铝、塑料和玻璃。它是一种与工业大批量生产密切相关的家具风格。

一般来说,同一空间应该设计风格相同的家具,但在近几年的设计实践中出现了一种叫作"混搭"的设计现象,其目的是通过混搭来形成不同风格的家具匹配。在同一个空间里,如现代社会,在以现代家具为主的空间设计中,突然出现几把中式椅子,或在占主导地位的中式家具的空间中,有时可能还会出现几把西式椅子等。这种混搭设计的目的,形式上主要是为了进一步提升环境元素的丰富度;在内涵上,它具有时间和空间界限的模糊,反映了不同文化的相互影响,这种混合体现了多元文化与事实和谐共存的可能性。值得注意的是,在采用这种"混搭"的方式时,仍需体现精挑细选的设计原则,不能把"混搭"变成"大杂烩"。

（四）确定合适的格局

模式问题的核心是组合问题。一般来说,布局可以分为两种主要类型:规则和不规则。

大多数规则样式都表示为对称结构。其主要特点是轴线比较清晰,严肃庄重,故常用于会议厅、接待厅、宴会厅的设计。大多数主要家具都被圆形、正方形、矩形或马蹄形的墙壁包围。

不规则风格的主要特点是不对称,没有明确的轴线,气氛相对自由、活泼、充满变化,因此常用于休息室、客厅、活动室等场所。这种布局通常是现代室内中最常见的,因为它易于使用且新颖,更适合现代人的日常需求。

无论是何种格局,家具的布置都应充分符合主次分明的原则。一般来说,空间小的时候要聚而不散,空间大的时候要理智的划分,但要强调主次的区别。在设计实践中,可以以一件家具为焦点,也可以围绕中心布置其他类型的家具,或者将家具分成几组,让每组遵循一个基本原则。

三、灯具陈设

灯具是辅助室内照明的重要设备,也是装饰室内环境必不可少的重要家具。在没有自然光的情况下,没有灯,人们就无法工作、生活和学习。灯具所用的光不同,可以营造出许多不同的意境,而灯具本身形状的变化也可以为室内环境带来更多的色彩。在规划室内设计时,请记住将灯具设计作为连贯整体的一部分。灯具的造型也很重要,它们的造型、质量、光线和色彩都必须与环境相协调(图5-4)。在中央装饰的地方,要借助灯光进一步强调自己的形象。

图5-4　现代风室内灯具陈设

灯具大致可分为吊灯、吸顶灯、隐形槽灯、投光灯、落地灯、台灯、壁灯等。其中,吊灯、吸顶灯、槽灯都是一般的照明方式,而落地灯、壁灯和射灯是局部照明的方法,通常在室内,多采用混合照明设计。这些灯将在不同的空间以不同的方式使用。

比如电视柜旁边的灯具一定要柔软,不刺激视觉,避免与电视荧光串扰,同时还要保护观众的眼睛。因此,电视柜旁边的灯通常必须发出柔和细腻的光线。

再如卧室照明,有一定的规则必须遵守。首先,卧室是人们休息的地方。光照环境不宜过强,也不宜影响人的睡眠。其次,卧室的灯具也有一种显示方式,即发出的光应该以暖光为主,如黄色。灯具的展示位置通常是床头柜两侧或屋顶。最后,室内灯具要划分不同的用户群,一般来说,儿童房的灯具以强调孩子童心的卡通型为主。

四、工艺饰品陈设

工艺品是室内设计中比较常用的一种装饰。艺术品主要是各种形式的作品,如书法、雕塑、摄影等,具有很强的艺术欣赏价值和审美价值。工艺品不仅具有美学价值,有的还具有实用功能。

(一)艺术品陈设

艺术品通常指在室内非常有价值的装饰,艺术感染力比较强。还要注意室内风格的协调,以方便挑选艺术品,西洋画(油画、水彩画)和雕塑要以欧式古典风格布置。中国古典风格的室内装饰应以中国传统书画为主。中国画往往有多种形式和题材,画法有工笔和写意两大类。花鸟画、人物画、山水画是三种基本表现形式。中国书法博大精深,分为楷书、草书、篆书、隶书、行书等多种风格。中国书画往往需要装裱后才能在室内使用。

(二)陶瓷制品陈设

工艺品通常有瓷器、竹编、草编、挂毯、木雕、石雕、盆景等,还有泥人、面人、剪纸、刺绣、织锦等。其中,陶瓷尤其受人们喜爱。它主要集艺术性、装饰性和实用性于一体。将陶瓷制品摆放在室内,可以体现出一种非常高雅、精致的艺术效果。

陶瓷的品种可以分为两种:一是装饰陶瓷,主要用于装饰;另一种主要是装饰陶瓷与实用陶瓷相结合,如陶瓷壶、陶瓷碗、陶瓷杯等。

青花瓷属于中国传统名瓷品种,沉稳古朴的靛蓝色充分体现了温婉、高雅、和谐之美。

(三)玻璃器具陈设

室内玻璃器皿通常包括茶具、酒具、灯具、果盘、烟灰缸、花瓶等多种类型,往往能营造出优美新颖的艺术氛围。目前,中国制造的玻璃器皿可分为三类:一是普通钠钙玻璃;二是优质结晶铝玻璃,主要特点是折射率高,晶莹剔透,可制作各种加工的手工艺品和日用品;三是稀土彩色玻璃,其主要特点是在不同的光照条件下都能充分展现出丰富多彩、绚丽的色彩效果。

在室内布置玻璃器皿时,要处理好它们与背景的关系,尽量让玻璃器皿的不同质感和色彩体现在背景上,以免显得凌乱。

(四)金属器具陈设

一般来说,银器广泛用于酒器和餐具,它们的光泽好,易于雕刻,因此可以制作得非常精美。铜器有青铜、黄铜、白铜器皿,铜锅等实用物品,香炉、鼎等许多仿古用具,各种铸铜动物、壁饰、壁挂、铸铜纪念雕塑等。这些制品一般都很端庄沉稳,表面纯净度好,精致华贵,能在室内呈现出很好的展示效果。

(五)文体用品陈设

文体用品包括文具、乐器和运动器材。文具是最常见的室内陈设品之一,如笔筒、文具盒、笔记本等。

除了一些公共室内的展览外,生活区主要展示乐器,如音乐爱好者可以在室内展示自己喜欢的吉他、大提琴、钢琴等乐器,不仅可以娱乐,还可以培养自己的气质,也能让生活空间流露出一种高雅的艺术气息。

此外,运动健身器材作为对自身健康关注的一部分,在生活和工作环境中越来越受欢迎。特别是高雅的网球拍、高尔夫球具、刀剑、弓箭等运动健身器材,常常给居室带来活力。

五、家纺陈设

(一)家纺陈设概述

家纺是室内装饰中非常重要的组成部分,随着现代经济技术的飞速发展,人们的生活水平和审美情趣发生了很大的变化。家用纺织品在现代社会越来越普遍。

家纺主要以其独特的质地、色彩和设计,为室内带来自然、亲密和放松的感觉,越来越受现代人的喜爱。其主要包括地毯、挂毯、墙布、毛毯、帷幔、窗帘、靠垫和靠背、寝具等,兼具实用性和装饰性。

家纺的艺术感染力通常源于三个重要方面:质地、质感和图案。质地主要以毛、麻、棉、丝和合成纤维为主要原料,纺织品或粗软或软硬,给人更丰富的感觉。家纺往往具有比较独特的质感,经过熨烫和折叠后可以在后期形成新的特征。质地比较厚实,阴影较多,色调较深,更容易营造出亲近感和温暖感;质地比较细腻,反光比较大,看起来很亮,很容易加工形成一种退隐感和清凉感。印花、编织、提花等工艺制成的图案往往是影响室内风格非常重要的因素。

(二)家纺陈设类型

1.窗帘陈设

窗帘通常可以承担多种实用功能,如遮蔽、隔音、调节温度等,还具有很强的装饰效果。

窗帘遮光主要分为近景遮光和远距离遮光两大类。近景遮光专为近距离覆盖而设计,窗帘可以将室内场景完全覆盖,因此室内具有典型的高私密性,并且大多采用厚实不透明的材料制成。如果需要遮盖白天和晚上的光线,可以做两层,白天可以用较轻的一层纱布窗帘。远距离遮光的窗帘提供的隐私保护相对较少,因为大部分是由纱线、网扣等制成的,它们具有相对较好的透光性、透气性和装饰性。

用于隔音和吸音的窗帘必须由厚重的织物制成,这些织物通常较大且具有更多的褶皱,因为大量的褶皱能消散声能。

在选择窗帘的色彩和图案时,通常需要注意温度感,注意南北差异,考虑到不同的朝向,注意季节的变化,充分考虑环境的功能、特征和氛围。

窗帘的款式有很多,从层次的角度主要可以分为单层和双层;从开合方式上看,主要分为单幅平拉、横百叶、双幅平拉、竖百叶等;从配件来看,有窗帘盒、可见窗帘杆和隐形窗帘杆;从打开后的形状来看,有的自然下垂,有的弯曲或其他形状。

2.床罩、台布

在选择床罩和桌布时,首先要注意它们与相关元素的关系。床罩经常以地板和墙壁作为主要背景,但它也是枕套和靠垫的背景。桌布主要以地板和墙壁为背景,但往往是餐具和插花的背景。在选择时,重要的是要协调好这种相对复杂的关系,使它们与背景和上面的物体形成一个和谐而清晰的整体。

3.地毯陈设

随着现代生活水平的提高,地毯作为一种用途广泛的家用纺织品逐渐走入人们的生活。

地毯主要分为单色和多色两大类。可以全部铺设,也可以只铺设一小部分地面。全覆盖地毯常用于办公室、会议厅和餐厅,办公室使用的地毯大多是纯色和几何图案的,而会议厅和餐厅使用的地毯更华丽,而且往往是一些更复杂的地毯。地毯的色彩应比天花板和墙壁的色彩深,以营造上浅下厚的感觉。小地毯常被称为"工艺地毯",布置在客厅沙发组中,极具装饰性。

4.幔帐陈设

窗帘和床罩、桌布一样,是一种比较实用的面料,但它们的面积比较大,地位也比较突出,所以能明显影响环境的气氛。在当代的室内设计中,窗帘不仅用于家庭,还广泛应用于医院病房、休闲娱乐等场所,成为组织虚拟空间和强调环境气氛的有效手段。

六、中国装饰画陈设

(一)书法陈设

书法是中国传统艺术发展过程中出现的一个历史悠久的艺术门类。它包含传统艺术哲学和美学的内容,表现出明显的深刻性和科学性。

总的来说,书法是一种抽象的艺术,主要体现在骨、血、筋、气、形、质、灵性的统一上,形式很美。但从另一个方面来说,由于主要以文字为主,可以表现出具体的内容,因此也必然表现出作者对时代社会和自然的理解和深切感受,即表现出作者的内心世界、精神、意志和品位。

用作室内装饰画的书法作品种类繁多。内容方面,有诗、词、赋、格言和园记等;从形式上看,主要有条幅、楹联、匾额、刻屏风、崖刻等。

(二)挂画

这里所说的"挂画"包括比较常见的国画、油画、水彩和速写,一般来说,用于挂在室内的挂画必须有框或装裱。

中国书画艺术有很长的发展历史。它与诗词、书法、篆刻等相结合,不仅技法十分独特,而且还具有很高的审美价值。

国画最好用在中国传统风格的领域。对于大堂来说,可以选择一些山水画或者抽象画。对于客厅等中等大小的房间,通常会用相对奔放的山水画或花鸟画。像书房这样的小空间,经常会使用一些有意义的"草图",如竹子、兰花、菊花、莲花等。

第四节　室内装饰材料的选用

一、常见装饰材料

(一)木材

作为一种陈设和家具材料,木材本身具有广泛的自然审美和实用特性。木材非常坚固。在这种情况下,它的张力值得一提:它在一定的弯曲和拉力下不会断裂。这种张力允许木材在一定距离上用作支撑,如作为窗户的横档和宽天花板的横梁或桌面。此外,木材还具有很强的可压缩性:它在一定的压力下保持其原始形状。此特性允许木材用作柱子、底座、椅子腿等的垂直形状。此外,木材具有轻微的弹性,使其适用于地板和家具;木材也是一种很好的绝缘体,不会像砖石或金属那样变冷或变热,也不容易传热传冷。

木材的初始成本相对较高,但维护相对容易,使用寿命长。雪松、柏树和桃花心木等木材可以直接暴露在任何天气下,无需大量维护,因此适用于外墙和户外家具。室内使用的木质材料的原始成本高于灰墙,但木墙不需要经常维护。除了经常打蜡和抛光以防止其变干外,硬木家具还需要相对较少的维护。

木材耐用且用途广泛,具有多种饰面、形状和最终用途。例如木材被用作天花板、家具、灯具和窗帘的材料。抛光饰面的范围从保持自然外观到精细打磨、镶嵌各种图案以及涂抹油漆和清漆。

木结构是由细丝和孔隙组成的复杂组织。同心的年轮增加了树干的周长,细丝和气孔平行于树干,木髓质射线从中心以直角辐射到细丝和气孔。这种结构在木材切割后可见,称为"纹理"和"图案"。大多数木材在直径切割后形成直线图案或条纹;年轮上出现粗斜纹;剥皮后呈现新鲜的水纹结构。

在选择木材时,并不一定意味着每一块材料在各个方面都是最好的。但是木头必须足够坚固。相对较差的材质也能满足一些用途的需要。冬季落叶的阔叶木和落叶木(如橡木、桦木),以及各种果树和坚果树(如樱桃树或核桃树)归类为硬木。软木来自常绿乔木,叶子呈针状,常年不落,如松树、云杉、冷杉、雪松和红杉。一般来说,硬木往往更为昂贵。软木比较便宜,因为它生长得快,容易用普通工具塑造,但它的抛光度不高,不能塑造成复杂的形状。

木材的硬度使其具有耐用的优势,但在其他情况下并没有太大的实际意义。美丽的纹理和图案使木材成为非常有价值的室内装饰。

(二)石材

石材有很多优点,但也比较贵,由于它的耐火性,石材与墙壁和壁炉联系在一起似乎很自然。在设计中,选用石材做地板,具有耐磨损的作用。石材吸收和释放热量相对较慢,是吸收太阳辐射热的理想材料。它的坚固性赋予墙壁独特的保护性能。石材具有不同程度的晶体结构、颜色和质地、透明度和半透明性等特征,使其在任何地方都具有特殊的视觉和触觉吸引力。

可用于家居的石材种类繁多,但现在比较常见的有四种。

(1)花岗岩。它是长石、石英和各种矿物的纯岩石。质地非常致密、坚硬,粗细不一。可见的颜色是浅灰色、深灰色、粉红色、绿色、黄色、棕色和黑色的不同色调。花岗岩可以进一步加工(或粗糙化),然后精确切割以用作家具(通常是桌面)或台面。用作墙体、烟囱、太阳能吸热材料时,无需加工;花岗岩中含有各种相对较软且易于切割的沉积岩,颜色有深浅不一的白色、深灰色和棕色等。它最常用作壁炉墙,但也可以用作桌子的面板。

(2)大理石。一种致密的结晶石灰石,具有多种颜色的高光泽,包括白色、黑色、各种灰色、粉红色、红色和绿色。在寻找结构装饰材料时,现代设计师发现它是壁炉、桌面和台面的理想选择。

(3)水磨石。水磨石是大理石碎片和混凝土灌浆的光滑抛光混合物,可以预制成实心地砖或饰面图案或瓷砖。水磨石具有多种颜色和纹理效果。

(4)板岩。板岩是经过1300℃高温烧制而成的板材,其材料特性与陶瓷相似,是一种表面光滑且容易分裂的沉积岩。可用作桌面、装饰画等。多为蓝灰色,也有绿色、红色和黑色。

(三)玻璃

玻璃是以石英砂、纯碱、石灰石为主要原料,并加入其他辅料经高温熔炼而成的。水晶玻璃是最好的玻璃类型,它含有铅。玻璃的颜色取决于制造它的矿物的颜色。红色来自金和铜;蓝色来自铜和钻石;黄色来自铬和铀。

玻璃体的化学成分和制造过程会影响玻璃的透明度、气体夹杂物、石头和特殊形态,包括玻璃纤维和隔热材料。黑曜石是一种天然玻璃,通常为黑色,由火山喷发的岩浆形成。

玻璃,尤其是无色透明的玻璃,如果不经常擦拭,往往会失去光泽。指纹、水渍或灰尘在干净、明亮的玻璃上比在其他材料上更明显。在某些情况下,由于其透明性,玻璃会对设计不佳的窗户、墙壁和推拉门造成危害。

很难在玻璃形式和装饰之间划清界限。结构装饰可以在玻璃成型之前进行,通过在原材料中添加颜料,使玻璃产生具有视觉和纹理效果的半透明、深色、气泡状或不透明的条纹。有时其复杂的造型也达到了装饰的效果。一块完整的玻璃可以开槽、加工。玻璃还可以创造出装饰和方便的附属物,如门把手。压制玻璃的形状和质地都是在加工它的模型中创建的。除了这些应用装饰外,还有玻璃切割、玻璃雕刻、蚀刻等应用装饰。

目前,有机玻璃用于隔热和隔音,或是用于泡沫玻璃的生产,泡沫玻璃是通过在玻璃熔体中添加气体发生剂制成的。因为它充满了小气泡,所以可以漂浮在水面上,具有良好的绝缘性能。众所周知,许多类型的有机玻璃板可用于制造轻质、半透明的隔板和天花板。有机玻璃还用于耐用家具,如浴室、墙板和公共场所的座椅。其具有防火、耐化学腐蚀(碱金属除外)、防潮、防晒等特点。

作为家居行业的"实力红人",长虹玻璃这两年的出镜率非常高。它凭借自身的凹凸质感、线性美学和光的折射,为房间带来美妙的日常体验。长虹玻璃是一种具有透光不透视功能的压花玻璃。它的透明度随图案和距离而变化。玻璃中以竖条纹压花称为"长虹",透明度在家居装饰中起到了应有的作用。长虹玻璃自带高斯虚化,可以让玻璃另一侧的景观环境因失焦而变得模糊美观,同时也保护了隐私。

长虹玻璃有竖条纹,更容易成为房间的视觉焦点。用在门、窗、壁橱等处,不仅能给单调的房间带来新意,还能改善室内采光。

在玄关、客厅、卧室、浴室等地方,加入长虹玻璃的设计,不仅不影响室内格局,还避免了室内的一览无余,起到分隔空间的作用。

(四)陶瓷

1. 瓷砖地面

瓷砖的种类很多,从表面光洁度上主要分为普通、抛光、仿古、防滑,还有颜色、质地、规格等分类。抛光砖多为仿石,外观如大理石和花岗岩,规格主要有 400mm × 400mm、500mm × 500mm 和 600mm × 600mm。最大可达 1m²,厚度一般为 8 ~ 10mm。仿古砖的表面比较粗糙,颜色比较淡雅,有一种古朴自然的感觉。防滑砖表面凹凸不平,有凸有凹,主要用于厨房等场所。

铺设瓷砖时,必须注意工艺:首先制作 20mm 厚的 1:4 干硬水泥砂浆助黏剂层,在其上铺一层天然水泥,并在瓷砖上洒水。瓷砖之间可以留有窄间隙或宽间隙。窄缝的宽度约为 3mm,需要用干水泥擦拭。

宽缝宽度约 10mm,必须使用水泥砂浆。有时,特别是在使用抛光砖时,经常会采用窄缝法,即将瓷砖尽可能紧密地压在一起,主要目的是营造更平整、更光滑的效果。

2. 马赛克地面

马赛克是一种比较小的瓷砖,主要分为正方形、长方形、六角形和八角形。正方形的尺寸主要有 39mm×39mm、23.6mm×23.6mm 和 18.05mm×18.05mm,厚度有 4.5mm 或 5mm。

为方便施工,马赛克瓷砖还在工厂加工时,将小块马赛克粘贴在 300mm×300mm 或 600mm×600mm 的牛皮纸上。施工时,先在基层上铺上 20mm 厚的水泥砂浆黏结层,撒上水泥,再铺上一大块马赛克纸,黏结层初凝后,用清水冲洗干净。去掉牛皮纸,马赛克就可以露出了。马赛克在较小的室内和卫生间使用时,效果非常显著。

现在的马赛克经过现代工艺制作后,在颜色、质地、规格等方面都呈现出多元化发展的趋势,质量非常好。通常是几十块小瓷砖拼在一起,小瓷砖的形状多种多样,造型非常小巧玲珑。陶瓷马赛克具有防滑、耐磨、吸水率低、耐酸碱、耐腐蚀、色彩丰富、不易褪色等典型特点。

3. 釉面砖(内墙砖)

釉面砖是用于内墙装饰的精致薄板产品,又称"内墙砖"。产品烧成后表面光滑有光泽,花纹色彩艳丽,是一种优质的内墙装饰材料。釉面砖正面有釉,背面有凹凸花纹,便于施工时与墙面连接。其主要品种有白釉砖、彩釉砖、印花釉砖和花纹釉砖。施釉主要有白釉、琉璃、淡釉和珠光釉。釉面砖只用于装饰室内厨房、浴室、餐厅等部位。釉面吸水率为 3%~6%。按釉色分为单色(包括白色)、彩色和花纹。形状分为正方形、长方形和一系列附属砖。常用规格有:80mm×80mm、100mm×100mm、152mm×152m、200mm×200mm、152mm×200mm、200mm×300mm、300mm×450mm、300mm×600mm,厚度有 5~6mm。

（五）板材类

胶合板又称"夹板"，在行业中被称为细芯板，由三层或多层1mm厚的单板或薄板组成。

细木工板是由不同长度的小木条制成载板，两面胶合一层或两层胶合板或其他装饰板，然后压制而成。芯板通常由松木、雪松、椴木、榆木等木板条制成。大芯板比薄芯板便宜（特点：纵向抗弯抗压强度差，横向抗弯抗压强度高），分为E0、E1、E2级。

中纤板，这类板属于纤维板的一种，主要包括高、中、低密度板，遇水不固化，弯曲性能较差。

欧松板尺寸一般为1.2m×2.4m，厚度有0.3cm、0.5cm、0.9cm、1.2cm、1.8cm。

澳松板为进口中密度板，是大新板、欧松板的替代升级产品，更加环保。

装饰板，将实木板精密切割成厚度约0.2mm的单板，以胶合板为基材，制成单面装饰板。厚度为3mm。

耐火板是由硅钙材料和一定比例的纤维材料、轻骨料、黏合剂和化学剂经高压釜工艺制成的。贴胶要求高，防火板厚度有0.8mm、1mm、1.2mm。

生态板（免漆板），在业内有很多名称，常见的名称有免漆板和三聚氰胺板。其制作过程通常是将不同颜色或质地的纸张浸泡在三聚氰胺树脂胶粘剂中，干燥至一定程度硬化后，再铺装在刨花板中密度纤维板（MDF）或其他装饰板的表面。

石膏板也广泛用于制作天花板和隔板。以前，胶合板主要用于制作吊顶。但随着石膏板的大力推广，其典型的耐火性，逐渐取代了传统的胶合板吊顶，成为目前吊顶生产中非常普遍的材料。石膏板分为普通纸石膏板、装饰石膏板，根据功能不同可分为吸音石膏板、防潮石膏板、防火石膏板等，还包含装饰石膏板、嵌入式装饰石膏板、吸声的装饰石膏板、艺术装饰石膏板。装饰石膏板规格有：300mm×300mm、300mm×600mm、500mm×500mm。

铝扣板通常由轻质铝板一次冲压成型，外层采用特殊工艺喷漆，由于它是非常重要的铝制品，因此在安装时也是扣在龙骨处的。铝扣板的厚度通常在0.4mm到0.8mm之间，主要分为条形、方形、菱形等。铝扣板在防火、防潮、防水、易擦洗等方面具有很大的优势,价格相对便宜,施工也相对简单,此外还具有典型的金属质感,是室内吊顶的主流产品,广泛应用于公共场所,包括会议厅、办公室等,尤其是在家中的厨房、卫生间,占据主导地位。从外观上看,铝扣板通常有冲压和表面平整两种。表面打孔让水蒸气自由蒸发到天花板,甚至可以在扣板内放置一层薄膜垫,水分可以通过打孔直接被薄膜吸收,所以最适合用在水分较多的地方,如厕所等。

PVC板主要以PVC为主要原料,具有价格低廉、施工方便、防水易清洗等诸多优点,已广泛应用于家居装修的厨卫领域,也有很大一部分用在一些比较简单的公共场所。但随着铝扣板的大力推广,应用范围日益缩小,基本处于被取代的边缘。PVC吊顶的直接问题是很容易变形,防火性能不好,同时看起来还不如铝扣板耐用。后期,PVC塑料扣板发展出塑钢板,又称"UPVC"。在强度、硬度等基本物理性能方面,塑钢板的性能比PVC板更强,也被视为PVC板的升级产品。

二、室内装饰材料的选择

在选择具体的居室装修材料时,必须对材料的特性、使用环境和装修主体的特点进行分析比较,以达到保证装修质量、提高施工速度、降低成本的总体目标。

(一)考虑区域特点

室外地域环境与装饰材料有着密切的关系。首先,该地区的气象条件,如温度和湿度的波动,对装修材料的选择影响很大;其次,该地区的室内条件和风俗习惯也是装修材料选择的主要依据。

(二)满足使用功能

在选择居室装修材料时,应考虑居室装修设计的目的和某些装修部位的使用功能。例如,外墙装饰除了美化环境外,必须起到保护墙面的作用,才能有效增强室内物体的耐用性;除了美化室内空间外,内墙的装饰还要考虑是否需要平衡热量,使用台面时是否需要选择美观或耐用的装饰材料。为了满足使用功能的要求,起抗冲击或保护作用的装饰材料应具有适当的力学性能;对于容易发生火灾或腐蚀的场所,应选择耐火性强或耐腐蚀性好的材料,以满足使用和装饰的需求。

（三）满足装饰功能

卧室装修是一门艺术,也是创造和改造居住环境的技术。它应该代表自然环境和人造环境之间的高度统一与和谐。各种装饰材料的颜色、质地、光泽、耐久性等的正确应用,极大地影响着装饰效果。

（四）满足耐久性要求

装饰材料的耐久性要求与在预期使用寿命内持续的性能有关。通常,室内物体的外饰材料受到阳光、雨淋、霜雪、冻融、风化、大气介质等的影响,而室内装饰材料则受到摩擦、潮湿、洗涤等的影响。此外,装饰材料的化学性能、外观和更多要求因使用场所而异,如力学性能(强度、耐磨性、可加工性、耐热性、隔音性等)、化学性能(耐酸碱、耐大气侵蚀、耐老化、耐污染、耐候性等)等。例如室内空间的踢脚线部分,考虑到地板家具、器皿的清洁速度和容易程度,通常需要选择具有一定强度的装饰材料,硬度高且易于清洁。常用的油漆、墙面装饰材料如油漆、壁纸或软布套不应直接落在地板上。只有保证装修材料的耐用性,才能有效保证房间装修工程的耐用性。

（五）符合经济合理性

从经济角度考虑装修材料的选择,要有一个整体的概念,不仅要考虑房间装修工程的一次性投入,还要考虑以后的维护成本。有时,在关键问题上,可以相应地扩大投资,这可以延长使用寿命并确保整体盈利能力。

我国目前的居室装修工程大多是选用市场上出现的新型、美观、适用、耐用、价廉的装修材料。

合理的选材,能满足美观又经济的居室装修需求。

（六）符合时尚发展的需要

由于现代室内设计的动态发展,客厅环境的设计和装修通常不是"一劳永逸"的,而是需要经常更新,以满足用户时尚的需求。

原有的装修材料需要更换为更环保、质感和性能更好、更新颖美观的装修材料。在选择界面装饰材料时,还应遵循"精心设计、巧用材料、精用精品、新用通用材料"的原则。

室内装修、铺设或放置装饰材料是"加法",但一些结构系统和结构部件也可以"减法"。例如,有些人不需要直接接触墙壁,可以使用钢印纹理混凝土面或裸露的砖面。

第五节　室内环境设计

一、室内声环境

即使是普通的客厅,也有自己特定的声学要求。随着多媒体技术走进千家万户,客厅对音质的要求也越来越高。对于一些对音质要求较高的房间,如剧院、音乐厅、礼堂、录音棚、电视演播室等,需要进行特殊的声学设计,否则会影响室内物体的正常使用,甚至无法使用。

室内声环境设计的先决条件是防止外界噪声和振动进入室内,使室内背景噪声水平保持足够低。音质的设计就是在这个前提下进行的,必须给予充分的重视。

室内声环境的设计应从室内物体的规划开始,并贯穿整个设计过程。在项目建设过程中,必须进行必要的测试、修改和调整,直至达到预期目标。

二、室内热环境

室内热环境是由室内空气温度、湿度、热辐射和风速共同构成的室内气候。室内气候因素的不同组合形成不同的室内热环境。室内热环境通常是根据人们的热舒适度来评估的。

人们80%以上的时间都在室内度过,舒适的室内气候是维持人体健康和正常生活、工作和学习的重要前提。在舒适的热环境中,人的感知力、智力和工作能力都能得到充分发挥;如果它们偏离舒适的条件,性能就会下降;如果严重偏离,会变得过冷或过热,甚至会使人无法生活和工作。

室外气候因素包括太阳热辐射、空气温湿度、风、雨、雪等,它们共同组成"室外热环境"。这些室内外热效应是影响室内材料使用的重要因素,也直接影响室内小气候(即室内空气的冷、热、干、湿)。因此,设计人员在设计和装修中要注意采用适当的措施,有效保护和利用室内外的热量和水分,以经济的方式解决房屋的保温、隔热、防晒、防潮和节能等问题。

三、室内绿化环境

（一）室内空间的绿化植物选择

1. 室内植物的选择

（1）绿色植物的种类

室内装饰植物种类繁多,按观赏用途的不同可分为绿植、花卉植物、果树植物、多肉植物、果蔬植物。从艺术品的类型上可以分为人工型和自然型两种;从园艺产品上看,包括盆栽、盆景、人造植物、花瓶花卉等。不同的植物种类和品种或不同的艺术形式具有不同的观赏价值,可用于设计不同的房间环境。

（2）绿色植物的选择

客厅受到各种条件的限制,不可能满足所有植物的生长环境要求。所以,如果决定用植物来美化家,首先要考虑哪些植物可以在提供的空间中生存,是否有光照和温湿度等良好的通风条件。接下来,也可考虑房主可以为植物做的工作(图 5-5)。

图 5-5　室内绿植

室内环境是一个相对封闭的空间。虽然它确实会因季节变化而发生变化,但受外部气候条件变化的影响不大。室内温度比较稳定,但湿度低,光照不足,二氧化碳含量高。因此,居室装饰植物一般应选择遮荫绿植或部分遮荫的植物。由于遮荫植物的新陈代谢较慢,使用的水分和养分较少,因此它们能够更好地适应室内气候。朝南的房间可以选择一些喜光耐高温的植物。东西方向的房间宜选用竹子、长春花、阳伞等半耐阴花卉。朝北的房间几乎没有阳光,可以种植最耐荫的蕨类植物,如龟背竹、棕榈竹、虎耳草和印度榕。

如果工作多,空闲时间少,又想用绿色美化家庭,可以选择生命力持久、不怕被冷落的植物,如柏兰、长春花、常春藤、佛肚树、竹海棠、虎耳草等,只要偶尔浇一下水就可以正常生长。

另外,在选择绿色植物时,要注意不要选择对人体有害的品种。像郁丁香,虽然洁白清香,但久闻会引起哮喘和烦躁,甚至会损害记忆力,且花中含有有毒的生物碱,如果近距离接触超过两个小时会让人头晕目眩。不宜在室内放置过多的松柏类植物,因为松柏类植物散发的松香会影响人的食欲,导致孕妇恶心。此外,花卉过敏患者在选择室内绿植时要特别小心。

2. 室内绿色植物的生态条件

(1)光照

不同种类的植物对光照的要求不同,在室内种植时需要根据植物的不同习性进行考虑和安排。光主要用照度表示,通常以物理单位勒克斯(lx)来衡量。从相关资料来看,一般认为植物在低于300勒克斯的光照强度下无法维持生长。但不同的植物在正常生长发育过程中对光的需求是不同的,所以根据生态中植物对光的需求分为三类,阳性植物是指在强光中生长良好的植物,耐寒植物只能在高光环境下生长(大于80%的全日照);阴性植物是指在低光照条件下(5%～20%的全日照)生长良好的植物;耐阴植物是指对光适应性较强的植物。因此,室内绿化用的植物主要是遮荫植物,也可以搭配一些耐阴植物。

（2）温度

温度是绿色植物生长的第二重要条件,因为温度的变化会直接影响植物的光合作用、呼吸作用和蒸腾作用。在室内种植绿色植物时,室内温度变化远小于室外温度。温度变化具有三个特点:一是温度相对恒定,范围在15℃～25℃左右;二是温差小,内部温差变化不大;三是没有极端温度,这对一些需要刺激的植物来说是不利的。考虑到人的方便,室内的绿色植物大多选自热带和亚热带。植物一般室内有效生长温度为18℃～24℃,夜间也应在10℃以上。如果夜间温度过低,则需要设置恒温器,以便在夜间温度下降时补充电力、控制气流并调节内部温度。

（3）湿度

湿度对植物的生长也有很大的影响,室内空气的相对湿度过高会让人不舒服,相对湿度过低不利于植物的生长。40%～60%对植物和人都有好处。低于25%对植物生长有负面影响,所以冬季取暖时要防止湿度低。室内设计,如放置水池、水栈、瀑布、喷泉等,可以帮助改善室内湿度水平。如果没有这些设施,也可以使用喷雾剂来润湿植物周围的土壤,还可以使用盆栽植物来增加湿度。

（4）通风

风是由气流引起的,微风或3～4级以下的风有利于气体交换、植物生理活动、开花和授粉等。但在室内,空气流通不良往往导致植物生长不良,甚至枯叶、叶片腐烂、病虫害滋生等。阳台、窗户等地方通风比较好,有利于植物生长;角落等地方通风不好,放置在这些地方的室内植物最好在一段时间后拿出室外通风换气。许多室内绿色植物对室内废气非常敏感,因此室内也必须通风。

（5）土壤

土壤是绿色植物生长的基础，它为植物提供生命活动所必需的水分和矿质养分。由于适合不同植物生长的土壤类型不同，所以要注意土壤的选择。一般来说，种植室内植物的土壤应结构疏松、透气、排水良好、有机质丰富。土壤应含有氮、磷、钾等养分，以提供生长和开花所必需的养分。盆栽的土壤必须是人工配制的培养土。理想的栽培土壤应富含腐殖质、疏松、排水良好、干燥不开裂、湿润不结块，并能经常保持湿润，有利于根系生长。此外，土壤 pH 也影响开花植物的生长发育。为了消灭隐藏在土壤中的病虫害，在选择盆栽土时要注意做好消毒工作。

（二）室内空间的绿化手法

室内绿化设计可以借鉴园林的装饰技巧，结合室内结构和功能布局，根据室内设计风格采用灵活多变的造型，常用的设计方法有以下几种：

（1）借景。在较小的空间中，阳台窗外的绿色装饰与室外景色相结合，形成景观的层次感，将内部的视觉空间向外扩展，同时将室外的景色引入室内。窗户和门就像精美的相框，勾勒出内墙的景色。

（2）穿插。根据室内楼层的高度，设计一系列错落有致的绿化植物，将绿化与各种室内空间连接起来。

（3）室内花园。室内花园是指布置室内花园场景，营造室内室外空间。当室外绿地不足或居住区气候条件较差时，开发不受外界自然条件限制的室内常绿花园，就像恢复自然空间一样。

（4）室内盆景。盆景是我国优秀的传统园林艺术瑰宝，具有富有诗意、栩栩如生的特点，可用于装饰空间。盆景源于自然，又高于自然，被誉为"无声的诗，立体的画"。盆景按材质和制作可分为树桩盆景、山水盆景和石艺盆景三大类。正确选择绿色设计工具可以使盆景更加活跃。

（5）插花艺术。插花在装饰和美化室内绿地方面发挥着重要作用，为室内环境营造出一种文化内涵和艺术氛围，带给人们追求美、创造美的愉悦，可以提高人们的修养和培养人们的情怀。同时，插花艺术在整个室内绿化中起着核心作用，它可以暗示、比较、象征和揭示室内绿化的主题风格，表达室内居住者的理想和愿望，是重要的一环。

插花元素包括：颜色、形状、线条、层次、间隙。

插花的特点为：插花中使用的不同植物可以表现出不同的心情和品位。

按花材的种类可分为鲜花插花、干插花、鲜混合插花、人造插花。制作前首先要理清思路，确定插花主题，运用统一、协调、平衡、韵律四大插花造型原则来表达插花作品的思想内涵。

根据花材的形态特征和效果进行构图，是中国传统插花技术中应用最为广泛的一种，如富贵牡丹、吉祥莲花、旺盛梅花、松枝长寿及优雅高大的竹子。此外，还可根据植物的季节变化进行创作，以反映季节的演变。

在设计时，应表达美好祝愿。比如帆的形状上镶嵌着蒲葵叶，表达一帆风顺；白色优雅的马蹄莲与半透明水晶玻璃相结合，表达干净、优雅、精致；水果组合在一起表达丰收的重要性。

同时，还要巧妙利用容器和配件进行设计。陶瓷插花适合简单和自然的主题；竹木插花，彰显乡土风情；金属、玻璃、水晶、塑料等容器适合现代风格的主题。

第六章 室内设计类型

由于室内使用功能的性质和特点不同，不同类型的室内设计在设计风格和施工工艺上也有不同的要求。根据建筑类型和功能对室内环境进行分类，应引导规划者在承担室内设计任务时首先明确要设计的室内空间的使用类型，即所谓"功能定位设计"，这是确定室内设计的第一步，也是非常重要的一步。室内设计的类型较多，由于篇幅的限制，本章仅选取一些类型进行简单论述，以供学习者参考。

第一节　住宅空间设计

一、住宅空间设计的释义

住宅空间设计是指在建筑空间中,结合居住者的物质和精神需求,运用多种设计手法,再造一个人工环境。住宅空间设计包括以下几个层次:第一,住宅空间设计要综合考虑居住者的生活习惯和心理需求,以"人"为核心;第二,住宅空间设计属于有限范围内的再创造,在设计时要结合建筑统一的客观现实;第三,住宅空间的设计要做到人的需求、建筑空间和艺术风格的协调。

二、住宅空间设计的原则

1943 年,美国社会心理学家马斯洛提出了需求层次理论。该理论将人的需求从低到高分为生理需求、安全需求、社交需求、尊重需求和自我实现需求。确保房屋的安全是住宅空间设计的首要原则。家居设计的安全性包括两个层面。一是家居本身不易受到外界的攻击,能够保护住户的人身和物质安全。二是在设计和施工中保证住户的安全,如保护建筑结构,不破坏支撑墙,合理安排各项工作;选择优质安全的装修材料、室内物品等。

在安全的基础上,人们还需要考虑提高家居的舒适度。舒适与否是人们评价房子好坏的最重要前提,充足的阳光、新鲜的空气、温馨的居住氛围和愉悦的幸福感是舒适住宅空间的要素。

(一)方便实用

住房满足了人们大部分的日常需求,如睡眠、食物等保障基本生存的需要,以及休闲、家庭娱乐等外延需求。为了满足这些要求,设计师应充分利用人体工程学、环境心理学等方面的知识,合理规划生活空间,如在厨房区域增加储物空间,方便收纳物品。

（二）艺术美感

住宅空间的审美理念通过"美的设计"来强调生活的品质，即将艺术和美学融入日常生活，从而增加居住者的幸福感。住宅空间的艺术美可以通过房间比例、尺度、色彩、材料、家具等元素的精细设计来实现。

（三）文化特征

"以人为本"设计理念的践行，不仅体现在对居住舒适性和实用性的重视，还体现在对住宅空间文化底蕴的鉴赏上。文化具有传承性、地域性、民族性的特点，传统的图案和风格不仅是设计的源泉，同时设计也受到地域、民族、宗教等特定文化背景的限制。在住宅空间设计中适当考虑地域、民族、宗教等文化特征，可以提升住宅空间的文化品位。

（四）生态友好

绿色家具和生态环保是当前住宅空间设计的大趋势，也是贯穿整个住宅空间设计的重要原则。绿色生活空间设计主要表现在以下几个方面：充分利用自然光和通风，改善屋内小气候，减少对电器的依赖；充分利用空间和装饰材料，避免浪费；选择环保装饰材料和家具。

三、住宅空间的基础功能设计

（一）采光通风

居住的舒适度首先受采光的影响，充足的阳光可以增加室内空间的亮度，给人带来愉悦和放松的感觉。当室外温度较低时，充足的阳光也可以提高室内温度。太阳的紫外线可以有效调节人体激素水平，杀死日用品表面的病菌，有效预防疾病的发生。良好的通风能使房间内的空气保持清新宜人，对潮湿的房间应进行除湿并防止家具发霉。电灯、空调、空气净化器等电器虽然也能满足人们对照明和通风的需求，但很容易让人窒息、压抑，且浪费资源。

（二）声音处理

噪声是当今社会常见的环境污染源，它会损害听力，引发各种疾病，严重影响人们的正常生活。为保证住宅建筑的基本使用功能，在规划时必须特别注意声音的处理。住宅的声音处理包括减少外界噪声和隔离自身产生的噪声。

声音主要通过界面、门窗和屋内的各种管道传播。其中接口面积最大，传递的噪声也最多，因此接口隔音是最有效最常用的隔音方法。中空玻璃和厚窗帘可以有效屏蔽门窗的噪声。如果屋内需要使用乐器和嘈杂的电器，则应提供专门的隔音房间。

（三）水处理

住宅用水主要用于洗涤和饮用。在洗涤方面，由于自来水中含有大量矿物质和杂质，衣物难以彻底清洗，热水器、管道和洁具上容易积聚污垢，因此需要安装家用软水器。同时自来水在消毒过程中含有细菌、霉菌和余氯，安装饮用水净化器可以将普通自来水净化成适合饮用的优质饮用水。

（四）保温处理

住宅建筑的保温可以从两个方面进行：一是安装相关热源产生热量，住宅建筑中常见的热源有散热器、电暖器、水地暖、电地暖、燃气壁挂炉、空调等；二是控制热量损失，如使用保温漆、铺设保温板、选择保温功能强的门窗等。

（五）安防处理

只有"安居乐业"，才能"快乐工作"，安全是生活空间设计的重中之重。如今，防盗窗和防盗门已成为住宅的标准配置，而电子密码锁和生物识别锁的出现则进一步增强了住宅的安全性。在房屋附近和房屋的公共区域安装摄像头，可以使居民24小时全天候监控房屋和周边区域，防止犯罪发生或为侦破案件提供证据。

四、住宅空间的组织要求与处理技巧

（一）住宅空间的组织要求

住宅空间包括基本空间、公共空间、私人空间和家务空间。但由于人们活动空间的复杂性，上述空间并不是固定的，有时可以灵活变化。比如洗衣房和阳台如果空间够大可以分开，但如果空间有限，可以将两个房间合二为一。多个房间可以兼用，如书房，如果用户用于阅读和学习，它是一个私人空间；但如果主人在书房会客并谈论事情，那么它就成为一个公共空间。一个好的家居设计一定要有合理的空间布局，这是室内设计的基础。

在室内设计时，首先要建立合理的空间秩序，这关系到房子的整体结构和布局，以及人在其中移动的动态效果，这是一个全球性的问题。

客厅作为生活空间的中心，具有家庭聚会、娱乐（听音乐、看电视）、会客等综合功能，要保证造型完整、明亮、开阔，其辅助的绿化、家具、电器以及灯饰的风格、色彩、材料等要协调，体现主人的品位。

客厅走廊和过道的作用是连接不同功能的房间，交通路线要简单，到客厅其他房间的通道宽度不小于 0.8m。

用餐区可单独设置，也可以放在客厅靠近厨房的角落。如果这个房间靠近走廊，要考虑人的移动。

书房的功能代表着阅读、办公和私人探访，这部分房间应兼顾家具（工作台、座椅、书架、沙发等）的合理布置和尺寸等舒适性要求。

成人卧室的功能是睡觉、休息、化妆、收纳和阅读。儿童房的功能主要是玩耍、睡觉和学习，应充分考虑其趣味性和半开放性。

厨房的主要功能是做饭，设备和家具应按操作顺序排列，避免过度移动。带冰箱的操作台、带水槽的洗菜台和带炉灶的烹饪台是厨房的主要设备，被称为"厨房工作三角"。

浴室主要包括卫浴和电器，如浴缸、水槽、马桶、洗衣机等。浴室的洗浴部分应与马桶部分分开。如果空间狭小，布局上应该有明显的分隔。

（二）住宅空间的处理技巧

客厅的处理内容是非常丰富的,可围绕客厅出现的一些问题来谈谈房间的处理技巧。

1. 空间的合理利用

合理利用空间的方法有很多:室内空间与其他房间相结合;合理规划室内空间的活动路线,尽量避免线路的重叠和浪费;增加室内家具的多功能性;消除狭长过道或增加通道空间的使用;合理调整门的位置和开启方向,提高空间利用率等。

2. 室内空间的扩展

房间的大小并不完全由面积决定,通过一些适当的设计手法,可以适当增强小空间的开放感。内延是指通过设计手段对有限的空间进行扩展。随着小户型的需求和体量的不断增加,扩大空间已经成为设计师必须掌握的设计技巧。每个人都希望他们居住的空间大而清晰。那么如何让房间看起来比实际更大呢?以下是一些可以参考的常用方法:

（1）墙壁和天花板颜色一致,没有踢脚线,照明灯朝上,窗帘比窗户高,可以获得抬高天花板的感觉。

（2）利用错觉扩大空间。同一面积的两个房间,横线区显得高,竖线区显得宽,是人视觉的错觉。可以利用这种错觉让短的空间显得更高。

（3）利用明暗关系扩大空间。同一面积的两个房间,浅色显得宽敞,深色显得狭窄。可以通过多个内部界面之间的明暗对比来扩大空间或增加空间的高度。

（4）用颜色来扩大空间。不同的色彩属性可以营造出不同的空间感。红色、橙色等暖色,可以使房间显得窄。像绿色这样的冷色可以使房间显得宽敞。色彩的布局还可以让原有界面之间的界限不那么明显,消除原有界面的死板视觉和心理感受,达到扩大心理空间的目的。

（5）利用镜子、玻璃等增加空间穿透力,扩大空间。将其中一面墙换成镜面立马让房间的总面积增加一倍,但镜面装饰要小心使用,使用得当可以扩大空间,增加房间的趣味性,但不要用太多,否则会让人眼花缭乱,心烦意乱,另一方面,会压缩心理空间。

（6）使用合理、充足的存储空间,扩大空间。合理利用储物空间,可以整齐收纳杂乱的物品。既使人们的日用品有固定的存放地点，也方便易用，使房间看起来整洁而开阔，营造出扩大空间的效果。

（7）利用即时心理对比，拓展空间。在设计玄关和过道的吊顶时，通常可以相应地降低，这样当人们从过道进入客厅时，就会感受到一定的开放感，并立即产生一种心理上的对比。通过这种强烈的对比，原来的房间得到了一种亲切感和心理上的延伸感。

（8）虽然多数情况下希望在大部分房间营造出宽敞开阔的视觉效果，但在客厅中，有时需要调整太高的空间来给房间带来温暖的感觉。例如，墙壁的顶部可以做与上部相同的设计，并且可以通过多种方式进行定制，再如可以用颜色或悬挂的线性框架天花板和大型图案来装饰空间。

五、不同住宅空间区域的设计要点

住宅空间可根据居住目的不同分为以下多种空间区域。

（一）玄关的设计要点

1.空间的划分

房间布局强调入口的空间过渡。根据整个住宅空间的空间性质，可以因地制宜地进行过渡。尽管客厅不像卧室那样私密，但最好在客厅和入口之间进行一些隔离，以避免客人参观时一览无余，这不仅会增加整体房间环境的分层，而且可以为人们保留一些隐私。在没有独立入口区域的房屋中，隔断的设计非常重要。隔断设计在不破坏空间流动性的前提下，强调通透明晰。它的形式也更加多样化，可以是具有强大实用性或装饰性的橱柜家具（图 6-1）。

图 6-1　玄关设计

2.底面设计

玄关作为入口区,容易藏污纳垢,常需要承受高强度的磨损和冲击,因此玄关底面的材料应具有强度高、耐磨、易清洗的特点。门廊地板的常见材料有石材、瓷砖等。由于玄关底面经常受到磨损,石材是首选材料。与地板相比,石材易于清洁,耐磨性高,空间反射率高,有利于提高房间的亮度。同时,它可以用不同的图案进行铺设和组合,图案化的设计可以美化房间并相应地引导方向。

3.采光照明

玄关处往往缺乏自然光,这就是为什么玄关的照明设计非常重要。玄关面积狭窄,体积大,装饰繁复的灯具不宜用在顶上,更适合吸顶灯、简易灯、条灯等节省空间的灯具。为方便取货、换鞋、换衣服,玄关区域的关键部位也可以通过壁灯和暗装灯进行部分照明。通过组合不同的灯具,玄关区域也能展现出丰富的视觉层次,营造出独特的艺术氛围。

(二)客厅的设计要点

1.客厅的位置

客厅又叫"起居室",它的位置通常更靠近正门。为避免一进门就对所有房间一览无余,最好在入口处设置一个玄关,将空间分开。如果卧室或浴室与客厅直接相连,可以改变卧室或浴室门的位置或对其所在的墙壁进行装饰,增加隐蔽性,满足人们的心理需求。软包装设计可在装饰墙面的同时挡住卧室门,让卧室门在视觉上弱化,整体规划增加隐蔽性,满足人们的心理需求(图6-2)。

图6-2　客厅设计

2.客厅的布局

(1)避免交通的斜穿

客厅是房子的功能中心,是住宅"交通系统"的"枢纽",客厅往往与室内走廊相连,餐厅和卧室的门设计不当,会使客厅的空间完整性和稳定性受到严重影响。因此,在布局阶段,一定要注意研究室内动线,避开斜交路口,避免过长的交通路线。第一是对原有的建筑布局进行相应的调整,如调整门的位置;第二是利用家具布置来围合和分隔空间,保证区域空间的完整性。

(2)家具的布置

由于客厅的使用频率很高,所以房间的布局应该遵循大方的原则。为了体现舒适和自由的感觉,最好通过合理的家具摆放来有效地利用空间。通常主要考虑沙发、茶几、椅子和视听设备,其中沙发的布置比较特殊。家具的布局主要包括字体布局、L型布局、U型布局、相对布局和分散布局。

(3)客厅顶棚设计

由于客厅的天花板受到住宅建筑高度的限制,因此应使用设计简单的灯具。客厅顶棚通常与重点墙结合在一起,并设置部分天花吊顶。通过对重点墙面造型的延伸,与重点墙面共同形成空间中的视觉焦点。也可以采用四周吊顶,而不是中间吊顶的方法,还可以设计成不同的造型,配射灯或简易灯,中央部分配吸顶灯。这种方法最常在某些大房间和高天花板上使用。

（4）客厅墙面设计

客厅墙体是客厅设计中的关键元素,因为它面积大,位置重要,是视线集中的地方,对整个室内的风格和色彩起着至关重要的作用。在客厅里,它的风格也是整个室内的风格。在设计客厅墙体时,最重要的是要从用户的兴趣爱好出发,体现不同家庭的风格特点和个性,打造出一个别具一格、色彩斑斓的客厅区域。

客厅的墙壁起到陪衬的作用,所以设计不应该过分简单。色调最好用浅色系,这样会使房间显得明亮宽敞,不会让眼睛受到强烈的刺激。同时,主墙要突出重点,集中视线,表现出家庭的个性和主人的爱好。例如,室内墙壁以白色为主,墙壁和天花板以拱门为基本元素,贯穿整个室内,同时大胆地用手绘手法装饰墙壁,获得丰富的视觉效果。客厅从天花板延伸到墙壁的夜光带设计应有创意和大胆,以图案的形式,具有装饰性,又是客厅的视觉焦点,营造出强烈的冲击力。

（5）客厅地面设计

客厅选择地板材料的余地很大。使用时,应合理选择材料的质地和颜色。地板的形状也可以通过比较不同的材料、颜色和尺寸来改变。

（6）客厅陈设设计

客厅里可以使用的装饰摆设很多,没有固定的风格。只要满足主人的空间需求和爱好,就可以作为客厅的装饰品。室内的选择和设计一定要有一个整体的概念,不能孤立地评价物体的材质质量,重要的是它是否适合客厅的整体环境,是否与室内的整体风格相匹配。比如,在素雅大气的空间里,木质家具仿佛散发着大自然的气息,造型优美的桌椅、做工精良的金属器皿和点缀其间的银色靠垫,显得成熟优雅。细细品位每一个小细节,可体会到一种宁静与优雅。

（三）卧室的设计要点

1. 主卧室

主卧是私密的生活空间,其设计必须以安全、私密、方便、舒适、健康为出发点,营造优美的格调和温馨的氛围,让主人在优雅的家居环境中充分放松和休息（图 6-3）。

图 6-3　主卧设计

主卧除了完成睡眠的基本功能外，还必须具备以下功能：

（1）主卧设置休闲区的目的是满足人们视听、阅读、思考等活动的需要，并配备了相关的家具和必要的用具。

（2）卧室的另外两个相关功能是梳妆和更衣。使用实用且节省空间的模块化和嵌入式梳妆台家具，可以增强整个卧室的整体感。同时应在合适的地方布置更衣区，如果面积允许，还可以在主卧布置独立的步入式更衣室，让梳妆和更衣有机结合。

（3）主卧的收纳多以衣物和被褥为主，所以衣柜必不可少，有利于加强卧室的收纳功能。衣柜的风格要与卧室的风格相匹配，有利于空间的统一。

卧室窗帘一般要分两层装，一层薄纱，一层厚窗帘，两层可以调节阳光，使室内阳光柔和。

在卧室中，床是布局的中心内容，从防潮和清洁的角度来看，床应尽可能地暴露在阳光下，而且应易于清洁。此外，卧室还必须留出一定的自由活动空间。

2. 老人房

人进入老年后，心理和生理上都会发生很多变化。为老年人设计房间，首先要了解这些变化和老年人的特点，并为他们进行特殊的布置和装饰。老人房的设计要根据他们的身体需要而定。家具应充分满足老年人上下方便的需要,实用与美观相结合,装饰品要小而不怪,营造温馨、舒适、优雅的环境,有利于身心健康。比如,整体设计采用直线平行排列,平滑变换视线,避免强迫视线的因素,力求整体的统一(图6-4)。

图6-4　老人房设计

3.儿童房

儿童正处于成长发育时期,在设计儿童房时,应考虑不同年龄和性别的儿童之间的差异。根据儿童好奇心和活动的身心特点,在设计儿童房时应考虑以下几个方面:

(1)安全。孩子们活跃而脆弱。为避免意外伤害,建议不要在室内使用大玻璃面和镜子;家具的边角和把手上不应留有棱角和锋利的边缘,地板上不应有可能被绊倒的物品。电源最好是由带插座盖的插座供电。设计房间时,床应尽量靠墙,一是安全,二是给孩子尽可能多的玩耍空间。

(2)舒适。儿童家具应根据儿童的生理身高进行设计,以方便儿童捡拾物品。

(3)差异。由于性别的差异,孩子们的行为和爱好也有一定的差异。相对而言,男孩子比较活跃,而女孩子更喜欢色彩鲜艳、花形的物件。

（4）好奇心。儿童房空间与家具的界面色彩可以饱和、明亮。造型要生动,满足孩子的好奇心（图6-5）。

图6-5 儿童房设计

（四）书房的设计要点

书房不仅是办公室的延伸,也是家庭生活的一部分,虽然功能单一,但要安静、优雅、光线充足,让主人在屋子里保持轻松祥和的心境（图6-6）。

1. 书房的格局

书房的布局可以分为开放式和封闭式两种。一般来说,如果住宅总面积较小,考虑开放式布局,是家庭成员使用的休闲阅读中心；如果空间充足,最好使用互不干扰、领地感强的封闭空间。

图 6-6　书房设计

2. 书房的位置

书房的设计要考虑方位、采光、景观、私密性等诸多要求,以保证未来书房环境的良好品质。在朝向上,书房多在南、东南或西南方向,采光充足。室内照明最好可以缓解视觉疲劳。

人们在写作和阅读时需要一个相对安静的环境,因此在书房定位研究时应考虑以下几点:

（1）合理地偏离活动区域,如客厅和饭厅,以避免干扰。

（2）远离厨房、储藏室等家庭空间,以保持清洁。

（3）与儿童房间保持一定距离,以避免儿童的噪声影响环境。书房通常位于主卧室附近,甚至可以连接两者。

3. 其他细节的处理

工作区域在位置和照明方面需要好好把握。书桌的摆放要以书写左侧的光线为主,兼顾房间的良好采光,避免在阅读和电脑照明时产生眩光。窗帘的材质一般都是浅色窗帘,可以遮挡光线,给人一种通透的感觉,也可以选择百叶窗,强烈的阳光会因为窗帘的折射而变得柔和舒适。

工作区与收藏区的连接要方便,收藏要有很大的展示区,方便参考。现代办公空间通常配备一系列数字设备,如计算机和打印机,应预留电源插座的位置,以避免过多的电缆占用空间。根据收存货物的种类和尺寸设计货架。

书房虽然是工作空间,但要运用色彩、材料、绿化等结合的方式,营造沉稳温馨的工作环境,并在家具和设施的布置上,做到与整体设施的设计和陈设相协调,从而反映主人的个性和品位。比如在设计中式书房时,毛笔架、书房的吊灯、书架上的镂空图案,都是东方元素的体现;还可以是中式风格与时尚气息相结合、传统与现代相结合、现代与经典相结合。

（五）餐厅的设计要点

1. 位置设置

一般情况下,每个家庭都应该设置一个独立的餐厅(图 6-7),但是如果生活条件不允许设置一个独立的餐厅,也应该在客厅或厨房设置一个开放式或半独立的用餐区。如果餐厅是在一个封闭的空间,它的设计相对自由;如果是开放式餐厅,则应与房间内的其他区域保持风格统一。不管是哪种用餐方式,将餐厅布置在厨房和客厅之间是最合理的,这样可以节省食物供应时间,缩短就餐的路线。

图 6-7　餐厅设计

2. 餐厅顶棚设计

餐厅的吊顶设计往往丰富而对称,其几何中心是餐桌,因为餐厅无论是在中国还是在西方,无论是圆桌还是方桌,客人都围坐在餐桌旁,营造出一种无形的中心环境。即使是不对称的,它的几何中心也应该在中间,有利于空间规划。

3. 餐厅墙面设计

餐厅墙面的设计既要以餐厅与客厅整体环境协调统一为原则,又要考虑其功能和美化效果的特殊要求。总的来说,餐厅比卧室、书房等空间更热闹,要注意营造温馨的气氛,满足家人的聚集心理。比如在餐厅局部墙面安装镜子,在视觉上扩大空间,又比如餐厅局部墙面采用天然木板,呈现自然简约的氛围。此外,餐厅墙壁上玻璃与木纹的精致组合,透露着时尚气息。

4. 餐厅地面设计

由于功能特殊,餐厅地面必须易于清洁,并具有一定的防水防油性能,可以选择大理石、琉璃瓦、强化木地板等。地板上的图案可以与天花板呼应或更灵活,并且必须考虑整体空间的协调和统一性。

5. 餐厅家具布置

餐厅家具的设计要兼顾家庭日常用餐的人数,还要满足招待亲友的需要。小餐厅(4人餐桌)面积为 $5m^2$ ~ $7m^2$,中型餐厅(6或8人餐桌)面积为 $10.40m^2$ ~ $14.90m^2$,大餐厅(10人桌)面积应为 $14.90m^2$ ~ $16.0m^2$。

餐厅内的家具主要有餐桌、餐椅、餐边柜、酒柜等,以餐桌为设施的中心。在我国,方形餐桌和圆形餐桌是常用的。

如果空间不足,可以使用折叠餐桌椅,增加使用的灵活性。座椅的布置要兼顾容纳空间和前后位置,让人行动方便和有活动的空间。一般来说,座椅到后壁的最小距离为500mm。

（六）厨房的设计要点

厨房（图 6-8）的基本功能是储藏、准备、清洁和烹饪，这是一个连贯的操作过程，使三个工位形成连贯的工作三角形。三角形的边之和越小，人们在厨房里花费的时间就越少，劳动强度也就越小。三角形的边长之和应在 3.5m ~ 6m 之间。为了简化计算，即使是普通家庭也可以将冰箱、水槽和炉灶组合成一个工作三角形。

图 6-8　厨房设计

在设计厨房之前，应仔细测量房间的大小，以充分使用房间的每个角落。工作三角区应提供所有必要的装置和设备。

考虑到添加、更改和可持续发展的问题，某些设备的设计应保留余地。

管道和设备应完全匹配，每个工作中心应配备两个以上的插座。

将底柜、壁柜等设施合二为一，可避免中间有缝隙或磕碰，便于清洁。

工作三角区域的侧面长度的总和小于 6m，以确保功能区域的有效连接和工作效率。

应该有足够的空间容纳操作台和每个悬挂柜来存储各种设施。

机柜的高度通常为 800mm ~ 900mm，深度为 500mm ~ 600mm。壁柜的天花板高度通常为 1900mm，深度为 300mm ~ 350mm。

炉灶和冰箱之间必须至少有一个空间单位。

厨房产生的垃圾量大，垃圾应在方便、隐蔽处倾倒，如垃圾桶应放置在水槽下橱柜门上或使用推扣垃圾抽屉。

厨房应安装排风扇，与抽油烟机配合使用，保证通风良好，避免油烟污染。

（七）卫浴间的设计要点

卫浴间（图 6-9）是一个公共的家庭空间，配备了广泛的设备，同时也是一个私密性很高的房间。在设计卫浴间时，主要考虑洗漱、穿衣、上厕所三大主要功能，还可以增加洗漱、收纳、视听等附加功能。即使卫浴在整个住宅区的比例不大，但使用频率高、设备复杂、内容多样等。卫浴间的装修要注重安全环保。

图 6-9　卫浴间设计

墙地砖铺设前，1800mm 以下的空间必须做好防水处理。由于卫浴间内湿度大，地板也应考虑防滑。

卫浴间空间小的话，化妆镜要尽量大，可以通过镜面反射扩大心理空间。

卫浴间整体色彩和风格的选择要与卫浴洁具的颜色相匹配或形成对比，与整个住宅空间统一。例如，整体色彩与风格和谐统一，体现空间和谐之美。又如,以功能区为原则,通过局部材料和色彩的对比来划分卫浴空间,通过虚拟分割的方法在整体的基础上形成不同的空间区域感。

为了使用方便,最好进行干湿分区。

老人或残疾人在家居住时,卫生间应安装扶手和椅子,可在很大程度上保证老人和残疾人的安全。卫生间门应向内打开,以备不时之需,便于外部救援进入。

卫浴设备和五金配件多为纯白色和金属色,可通过艺术品、面料和绿化营造温馨舒适的环境,让浴室更人性化。

精心摆放的小部件,不会再让房间单调乏味,要注重人性化,浴室内化妆品和衣物的收纳也要考虑。

(八)储藏间的设计要点

从室内设计的角度来看,在不影响人们正常活动所需空间的前提下,应释放现有的空间潜力,合理利用这些被忽视的空间,提高其空间利用效率,满足人们的储物需求。

1.储存的地点和位置

存放的地点和位置直接关系到存放物品的存取是否方便,空间的利用是否合理。例如,书籍应放在沙发、床头柜和书桌附近,以便经常阅读且易于取用;调味品应靠近炉灶和准备饭菜的地方;化妆品和洗面奶的存放位置应靠近梳妆台,用户可以在洗脸时使用;衣物(尤其是经常穿的衣物)的存放位置应靠近卧室。

2.储存空间的利用程度

任何储藏室的主要功能都是存放物品,因此应根据物品的形状和大小来确定物品的存放方式,以节省空间。书架通常用作存放书籍或展示藏品。设计时应注意各个分区的承载能力以及书籍和收藏品的大小,因为书籍会随着时间的推移而堆积并填满书架。因此,如果空间允许,设计应尽可能大。而壁橱或更衣室应根据家庭成员和物品类型进行设计和存储,内部存储空间应由挂杆、隔板和抽屉分隔。过季的被子、衣服或轻质纺织品应放置在较高的区域;经常使用的衣服可以存放在衣架、裤架、领带架、网架上；内衣、袜子等存放在抽屉中。根据人体的动作行为和使用的方便程度，衣柜一般可以分为两个区域：第一个区域以人体肩部为轴，上肢半径的动作区域和体高为 650mm ～ 1850mm。最常用的区域也是人眼最容易看到的视觉区域。第二个区域是人站立时从地板到手臂指尖的垂直距离，即 650mm 以下的区域，这个区域不适合存放物品，人要蹲着操作，视野不好，一般都是存放比较重、不常用的物品。如果想增加收纳空间，节省占地面积，可以创建第三个区域，即柜体上方 1850mm 以上的区域，这里可以叠放，存放较轻的过季物品。

3.储存空间的形式

就类型而言，可分为封闭式和开放式两种。

封闭式储物柜常用于存放一些实用性强、装饰性差的物品，如厨房底柜存放餐具、粮油等。这类非常实用的空间往往需要较大的尺度，设计风格要与房间的风格保持一致，美化房间环境的同时收纳物品。

开放式储物柜用于呈现装饰冲击力强的物品，如酒柜、书架等，由于大多以阴影的形式出现，主要起到陪衬的作用，所以它们的形状应该比较简单，颜色应该比较单纯。如果变化太多，太复杂，不适合作为有用的显示背景。借助自身灯光的光影效果，可让陈设更加突出，细节变化更加清晰，形成房间的视觉焦点。

（九）走廊的设计要点

走廊是组织房间序列的一种手段，是通往其他房间的唯一途径，因此它具有强大的领导能力。设计师经常建议在走廊增强对空间的层次结构、序列和兴趣的感觉。

1.走廊的顶棚设计

由于房间高度的限制，走廊天花板的形状相对简单。例如，它可用于布置照明设备。不要做太多形状的变化以避免笨拙和影响身高空间。由于走廊对照明没有特殊要求，因此其照明方法通常是筒灯、射灯或牛眼灯。即使天花板根本没有灯，只依靠壁灯来完成照明，也能有效地利用光来消除走廊的昏暗气氛。

2. 走廊的墙面设计

走廊房间的墙壁可以进行更多的装饰和改变。过道的装饰往往与其自身的规模有更大的关系。走廊越宽，人越有足够的观看距离，装修的细节越讲究。走廊的装饰有两个意义。一方面是墙壁的比例划分，材料的对比，照明形式的变化以及连接每个房间的静音口和门的处理。如果走廊很短，门扇更是一个重要的变化因素。在这个过程中，门的款式、材质的对比和配件的选择都非常重要。另一方面，还有书画、挂毯等多种艺术形式，可以提升廊道的艺术氛围和整体水平。比如隔墙的调整，既保留了走廊的独立性，又以自然的方式连接了房间。同时，自身的造型有利于在视觉上增加房间的高度。又如走廊的镜面玻璃设计，有助于扩大空间感。

3. 走廊的地面设计

走廊地板一般没有家具，所以地板几乎完全暴露在外。如果走廊地板采用不同的材料，则图案变化最为完整，因此在选择图案时应注意其视觉完整性。同时，客厅、卧室、浴室等的地面材料也要考虑在内，以保持独立于房间地面材料的变化，所以收口部分的处理非常重要。例如，以具有强烈方向性或连续性的模式对待地面，暗示前进的方向，有助于引导人们朝着特定的目标前进。

(十)楼梯的设计要点

1. 楼梯的尺寸

与公共建筑的楼梯相比，住宅的楼梯一般都不大，适合整个公寓的大小。梯子的高度一般在 150mm 到 200mm 之间，表面宽度在 250mm ~ 300mm 之间。

2. 梯蹬

楼梯由梯子、栏杆和扶手组成。梯蹬通常采用比较硬、耐磨的材料，主要是石材、木头、15mm ~ 20mm 厚的钢化玻璃等。老人、儿童和残疾人居住时，如使用钢化玻璃则需要谨慎使用。梯蹬是楼梯的主体。然而，梯蹬的造型却别具一格。为了增加表现力,不同质地的石材、木板等不同的材料往往结合在一起,营造出一种对比鲜明的美感。

3. 栏杆

栏杆在楼梯中起到保护作用,保证上下楼梯的安全,其高度、密度和强度都有很高的要求:高度通常在 900mm 左右,纵向密度要保证三岁以下儿童不至于从空隙跌落,水平间隙为 110mm,需要能够承受 180kg 的推力。最常用的材料是铸铁、不锈钢、实木或厚一点的钢化玻璃。在设计上,安全第一,其次才是装饰。栏杆的脚部通常由圆钢制成,这样可以使扶手和栏杆上的力均匀地传递到楼梯的主体结构上。封闭部分的装修风格可以根据房间的整体风格进行设计。

4. 扶手

扶手位于楼梯栏杆的顶部,与人的手接触,并将其上半身的力传递到梯子上。对于老年人和孩子来说,这是一个强大的助手。

扶手的设计不仅应根据规模符合人体工程学的要求,还应考虑形状的比例。扶手的直径通常不少于 50mm。就材料而言,它应该满足人的触觉要求:触觉柔软,让人感觉愉快。扶手的材料通常是木材,有时也可以使用石头或金属。当使用金属、木材或皮革时,应当散布在适当的地方,以免变得太冷或僵硬。扶手部分的形状正在不断变化。根据不同的栏杆风格,可以自由选择简单、丰富、经典或现代的扶手风格。这些通常是楼梯中最令人兴奋和最具有表现力的部分,它们通常与雕塑和其他形状结合在一起,共同创造出充满活力的视觉效果。

(十一)阳台的设计要点

1. 分清主次

有许多住宅同时有两个或三个阳台。在设计中,应根据其实用功能来区分优先级。主阳台通常位于客厅和主卧室旁边,在设计中应强调其空间的使用(图 6-10)。次要阳台通常位于厨房旁边,它的实用性主要在设计中强调。

图 6-10　阳台设计

2.选择材料

选择材料时,应减少使用人造和反射材料,如瓷砖、砖滑等。由于这种类型的材料具有单一的图案,比较枯燥,因此通常与内部材料不相容。考虑使用纯天然材料将阳台与室外环境相结合。天然石材适合墙壁和地板,阳台则可以使用一些原木来匹配。

3.灯光照明

照明是强调房间气氛的重要手段。设计精良的照明可以使阳台在晚上更具吸引力。但是,如果在阳台上只安装了一个天花板灯,那么显然还不足以满足需求。可以从一些吊灯、落地灯、草坪灯、壁灯,甚至防风煤油灯或蜡烛灯中进行选择,制造气氛。

第二节　酒店空间设计

一、酒店空间的流线设计

根据实际组成,酒店的当前流线主要包括"两个主要区域,三个主要系统和四种类型"。两个主要区域,即室内循环和室外流通。三个主要系统,即客人当前的线路系统;服务当前的线路系统,包括客房的输入和输出、餐厅入口和出口、员工进出口以及食品输入和出口线;设备流系统,包括水、电力、供暖、安全和灾难保护、网络信息和其他流线。实际组成中的四种类型,即水平和垂直流线、单人流量线和使用状态中的多人流线、运动性质上的单个功能流线和多种功能流以及形成室内交通枢纽的交叉流线。

（一）酒店空间的流线设计原则

酒店的人们,包括酒店客人、宴会和外来客人、经理和服务人员,都有一定的行为方式。也就是说,他们的活动具有一定的规律性,它们将反映出时间和空间的一系列过程,从而导致一系列空间效应。平稳的合理化可以使酒店协调和有序化各种功能。不科学和不平稳的空间将使人们感到不舒服和不方便,这将影响酒店客户来源的增加以及影响酒店的运营形象。客人的流程模式是酒店服务计划和设计的基础,也是酒店安全安保设计的关键要素。因此,简化的设计与客人满意度和安全感以及酒店的业务绩效和社会影响直接相关。

为了合理规划和组织酒店的交通流量,以在特定功能连接的不同区域之间建立功能互补的关系,有必要遵守"客人流线便捷清楚、服务流线快省通畅、设备流线安全稳妥、客人流线与服务流线互不交叉"的设计原则。在设计合理化时,首先建立酒店业务的顺序,包括"大厅接待区"和"管理物流区"以及员工和客人区域的可能重叠,以确保客人和员工尝试分开并进行活动,避免相互干扰并按计划执行各种服务措施,这不仅可以确保效率,还可以促进管理。

为满足服务对象的实际需要,要根据酒店的定位考虑相应的投资成本,科学测算人流量,适当调整平衡其长短、远近、宽窄、通断等状态,同时优化布局,确定流动线的三种形式及其连接的空间,即侧空间而过、穿空间而过、终止于一个空间,以实现低成本、高效率和酒店的个性化服务快捷敏捷,工作人员工作安全便捷,消除了对安全和健康的影响,以满足客人便捷、安全、舒适的真实需求。

（二）酒店空间流线设计的方法

1. 客人流线设计法

酒店的客人包括过夜的客人、会议宴会客人和其他访客。中小型酒店的来宾流通常有外部入口，以便于管理和安保。大型和中型酒店具备开放宴会和会议的条件，为避免住宿客人和其他外来客人混杂而可能出现流线不畅的情况，须将住宿客人和其他外来客人的流线分开，以免相互打扰和拥堵。

酒店的大厅，在入口大厅、电梯、餐厅、会堂、娱乐、购物等空间的流线设计上，要简化设计，人们因此可以一目了然地看到它并轻松找到该通道。接待处、电梯大厅和大厅楼梯间应该靠近入口，标牌明显，使直接到上层客房或公共空间的客人减少对大堂的来回穿越。同时，这也有利于迅速分散人流。

住宿客人的出入口，包括行人出入口和无障碍出入口，从接待处到出入口和电梯厅应有宽阔的通道，并为大件行李设置专门的出入口。为满足团队客人集散的需要，部分酒店还为团队设置了单独的出入口大厅，可容纳大型巴士和客人临时休息。

饭店内举行宴会、会议等各种社交活动的宴会厅、会议室等区域，必须有单独的出入口或门厅。

2. 服务流线设计法

酒店的服务流程和客人的流程应分开进行，管理和服务人员的出入口和电梯应与客梯分开，避免相互干扰。为保障物流供应和安全卫生，大中型酒店特设货物流线、水平流线和垂直流线，货物、设备运输和垃圾运输、卸货平台和货梯，不能随客人流动交叉或组合使用。这样，各种物资、杂货顺利运入，垃圾、废弃物顺利运出，不会造成二次外溢和污染。

3. 设备流线设计法

设备流量线主要确保供水、供暖、空调、电气、电信、网络和酒店其他方面的安全性和有效性。人们已经进入了数字信息时代，各种星级酒店都专注于计算机管理，通过集成的接线系统，建立信息流线，安装智能设施，创建智能住宿、会议和娱乐环境，并提高酒店的服务水平和整体质量。因此,有必要严格遵循其各自的技术规范要求,合理和科学地安排设施和设备的简化设计,并确保易于使用和维护以及操作的安全性。

二、酒店公共空间的分类及设计要点

(一)酒店入口区域设计

酒店入口区是酒店大楼入口门前的区域,代表酒店的"门脸"。它是反映酒店文化和酒店服务的重要内容之一,是客人对酒店的第一印象,也是室内和室外空间之间的交界处。尽管不同酒店入口的面积和数量各不相同,但它们都有一些设计装饰。为了同时实现美学和实用性,必须考虑利于行人通行及客人的行李进出。促进交通流量,能防风遮雨,减少空调冷气外溢。同时还应设置有酒店徽标和商店名称的文字或图案,以显示酒店的独特文化特征。VI 图像和标志应与整个酒店的建筑和家具风格一致,充分考虑室内外的交流,将室外景观引入门厅,将室内气氛转移到室外,尤其是在夜间,入口处的照明应特别引人注目。

(二)酒店大堂及附属设施设计

大堂是客人进入酒店的第一个房间,是客人获得第一印象和最后印象最重要的地方。它是酒店的窗户,也是客人进出酒店的唯一地方。因此,大多数酒店将其描绘为设计重点,重点是将空间、家具、陈设、绿化、灯光、材料等的精髓融合在一处,彰显酒店的格调。

1. 大堂及环境

大厅的设计分为动态和静态区域。大厅的公共活动区域通常集中在酒店一楼的中心区域,各种服务功能相对密集。因此,应在设计中保留足够的空间,将相对私密的空间吸引到周围的环境中,并且将动态和静态区域分为接待区、休闲区等。这有利于分布员工和物流(尤其是旅游集团乘客的行李),减少了影响运营服务过程的因素。如此一来,客人就可以平静而有序地进行各种过程,悠闲休息或享受酒店的装饰和音乐表演。

酒店客人活动的基本路线是：进入酒店、签到、确认、安排行李或休息时间、进入电梯或楼梯、入住客房。客人出发的过程被逆转，形成了一个圆形的流线。因此，相关功能和位置的设计应符合此类程序。

酒店大堂等公共空间为客人进出酒店提供了必要的场所，环境和氛围的好坏直接影响到整个酒店的形象。因此，酒店大厅等公共空间的面积和数量必须与酒店的星级和文化取向相对应。重点应放在设计和资本投资上，使用材料和装饰应表明酒店的档次和质量。

在大厅和公共区域，地板主要是用抛光的花岗岩和大理石铺成。小酒店大堂的地板也可以是地毯或高质量的木材，墙壁主要是用石头、陶瓷瓷砖和木材制成，偶尔也用玻璃墙壁等。大多数墙壁还使用大型壁画、浮雕或挂毯，并用高架照明进行处理以反映文化特征，增强酒店的形象并反映酒店的星级。

2. 总服务台

总服务台又称"主服务台"，通常位于酒店入口附近，大堂较显眼的地方，或大堂中间的显眼位置，在此，客人可以查询、登记、退房和存放贵重物品。

主要服务台的设计是根据酒店大堂的不同结构，配合服务台的背景墙（如装饰造型、壁画、挂饰等）或铭牌、玻璃等，配以灯具或灯盘，以强调大堂的光学焦点。

关于服务台的结构设计，流行的有两种：一种是传统的两层柜台式，外高内低，也就是站立式（外台1.05m ~ 1.15m，内台0.7m ~ 0.8m），客人需站立办理手续；另一种是办公桌式服务台，即久坐式（办公桌高度为0.7m ~ 0.8m）。后一种服务台近年来使用越来越多，双方都可以坐下，既方便交流，又能缓解客人的疲劳，体现出温馨、平等的氛围。服务台的长度可以根据酒店的大小来设计，通常每50 ~ 80间房间为一个单元，每个单元的宽度可以调整到1.8m左右。服务台后面或附近应是办公空间和附属房间的一部分，包括财务室、服务休息室和贵重物品室。

3. 大堂值班台

大堂值班台应设在视觉中心区，一般在大堂正中前门左点。它应位于可见且易于找到的位置，但不应干扰乘客。值班台的基本设备由三把椅子组成，办公桌前的两把椅子是供客户使用的。

4. 大堂休息区

大堂的休息区用于入住酒店客人的临时休息、接待和退房。往往选择靠近入口处相对隐蔽、不受干扰的区域,方便登记,提供良好的环境。休息区的设计可以利用栏杆、绿化等隔断,将人流与大堂分隔开来,或升高或降低层高,使其相对独立。休息区的大小和沙发组的数量取决于酒店的大小和具体的空间地形。

(三)大堂吧、咖啡厅、商务中心、商店的设计

1. 大堂吧、咖啡厅

一般来说,酒店都设有咖啡厅(或酒吧),提供饮品、咖啡、软饮料和小吃,为旅客提供一个舒适的休息、消遣、与客人聊天的场所。它通常附属于大堂环境,称为“大堂吧”,是大堂不可分割的一部分,多以花坛、植物、栏杆、灯饰等营造出与其他公共空间的虚拟分隔。咖啡厅(或酒吧)是一个完全独立的空间,通过走廊、通道或大厅与大堂相连。前者旨在配合大堂的整体设计,激活大堂的气氛,后者相对独立、安静,往往面积略大,商务洽谈等活动多在酒店较大的房间内举行。

2. 商务中心

商务中心是酒店大堂的另一个独立功能区。业务包括票务、打印、传真、复印、旅行和汽车租赁。应根据服务项目与办公设备、家具相协调。商务中心通常位于大堂的边缘,与大堂的主体部分分开,但更容易让客人看到。多功能玻璃隔断装修可根据办公空间设计的一般要求进行设计。

3. 商店

酒店内开设的店铺多为小型旅游商店,出售书籍杂志、日用品、杂货、鲜花和旅游纪念品等。由于酒店的档次、规模、地理位置不同,要求也不同。它可以占据大堂的一个角落,形成一个由柜台包围的区域,里面有商品陈列柜,也可以在大堂形成一个专门设计的区域,用于商店的独立设计。大型酒店往往伴随着花店、书店、服装店、纪念品店等众多知

名品牌店,它们通过走廊、大厅与酒店大堂相连,实际上是一个大型的附属商场。其室内设计与一般商场相同,但必须注意其等级对应酒店的等级标准。

（四）宴会厅与多功能厅的功能要求

宴会厅和多功能厅是酒店最大的房间之一,也是餐饮和公关部的重要业务部分。可举办国际会议、时装秀、商品展览、新闻发布会、音乐会、舞会等各种活动。

为了保证宴会厅的使用频率,大多数宴会厅往往结合大型餐厅的功能,采用灵活可开启的屏风等隔断,以适应不同的需求,提高宴会厅的使用性。

为方便使用,多功能厅的平面不宜狭长,最好接近正方形或对称的八边形和六边形。

较大的宴会厅和多功能厅应有讲台和小舞台。由于进出宴会厅的人流量大,时间相对集中,宴会厅应设置在酒店底层或相对开阔的公共空间,以方便出席活动人员的疏散。应与酒店的其他功能保持一定的相对关系。出入口按大小设置两扇以上平开门,与酒店内部主走廊相连,大型宴会厅、多功能厅四周应有门厅、贵宾休息室、衣帽间、声光控制室及公厕等附属设备室。小宴会厅净空高度为 2.7m ~ 3.5m,大宴会厅净空高度应保持在 5m 以上。

三、酒店的客房设计

（一）酒店客房的类型和面积标准设计

客房是酒店的重要组成部分,客房根据其档次和品质应满足合适的条件:通风、采光、隔音、视野好。房间的类型和大小一般分为以下几种:

（1）标准间。房间里有两张单人床,两个人的房间也叫双床房和双人房。客房除了两张床外,还有一张或两张床头柜、一对躺椅和一套茶具、书桌、梳妆台、电视组合柜、写字椅和行李架,还有一个衣柜和一个浴室。面积标准为:五星级房约 26m^2 ~ 30m^2,卫生间约 10m^2 ~ 15m^2,

并考虑浴厕分设;四星级约 $20m^2 \sim 25m^2$,卫生间约 $6m^2 \sim 8m^2$;三星级客房约 $18m^2 \sim 20m^2$,卫生间约 $4.5m^2 \sim 5m^2$。

（2）单人房。带单人床的房间,也叫"单床房",除单人床外,其他家具和设施包括:一张或两张床头柜、一张多功能桌、一个行李架、两张躺椅和一张茶几,以及衣柜和浴室(房间和浴室的大小相当于标准间,星级较低的酒店面积略小)。

（3）套间客房。通常由两个房间组成,外面的房间是客厅。根据档次也可以有三四间相互连通的套房,其中除卧室外,一般考虑餐厅、酒吧、客厅、办公或娱乐等房间,也有带厨房的公寓式套间。主要家具为沙发和电视柜,有时早餐可以加一张小餐桌。客厅是客人休息、接待客人、洽谈业务的地方,盆花等室内物品可以适当摆放。套房内部是客人睡觉的地方,其配置与双人房相同。

酒店的大多数套房都配备了两个卫生间,分别供居住者和访客使用。访客厕所,位于入口处,有些没有浴缸。室内厕所是供住户使用的,所以必须提供洗脸盆、马桶、浴缸等三件卫浴用品(房间面积一般是标准客房的两倍以上,并根据隔间的数量而调整)。

为了更方便操作,大约两个公共房间的公共墙上有一扇门。当需要更多的公共房间进行业务运营时,将门关闭并作为公共房间出租。将其中一个改造成客厅,并将其作为套房出租。这种共享墙设计通常只出现在星级酒店。

（二）酒店客房的功能区域划分

根据客房内客人的活动规律,客房的功能区布局设计基本分为:
睡眠区:常位于光线昏暗的区域。
休闲生活区:按一般习惯,常靠近侧窗,休闲椅、茶几多靠窗布置。
写作区:一般酒店常考虑与梳妆台结合,并配备梳妆镜和椅子。
洗漱区:为方便使用,卫生间最好有两个水槽,卫生间和洗手间分开。
存储区:用于存储酒店物资与杂物。
为了适应现代社会的节奏,方便管理,客房内的家具都进行了更新。设置应该相对容易,不要有很多复杂的角落和雕刻。另外,客房中客厅和休息区合一,应尽量增加环境的亲切感。在选择家具款式和面料时,床上用品和窗帘的图案和颜色要与墙壁相协调。

（三）酒店客房的设计要求

一是将以上功能区集中在一室或两室的客房内,按照一定的规则布置,根据不同的品质配置家具和设备。考虑到客房的使用模式,可能会有多人入住客房,同时执行多项功能,如 B 穿衣洗澡,A 睡觉看电视,因此,在对客房进行装修和配备时,不同区域之间应既有分隔又有联系,以便对不同的用户有适当的灵活性和适应性。

套房和标准客房最根本的区别在于卧室与其他功能区是分开的。普通套房中的一间标准间用作卧室,其他标准间用作起居、用餐或写作等相关功能。商务套房是根据商务旅客的商务活动需求而设计的,它将卧室、客厅和办公室分隔成几个相互连通的标准间,或将客厅与办公室结合起来。

（四）酒店客房的室内装饰

客房的室内设计应以优雅沉稳但又不乏气势为目标,让客人有宾至如归的感觉,为客人提供比家里更温馨、平静、美丽舒适的环境。客房色调多以暖色调或中性色调为主,客房灯光以暖色调为主,灯具应与吸顶灯、壁灯、台灯、落地灯相结合。床头照明一般采用可调角度的灯罩壁灯或床头射灯,并可独立控制。这样既不会影响到其他人的休息,也能照顾到客人在床上看书的需要。客房的高度太低,不宜使用超大的吊灯。对于房间的整体照明,可以将日光灯插入窗帘盒中,达到干净柔和的目的。空间设计时,所有灯具的造型都应与室内装饰、色彩和文化氛围相匹配。

客房装修要简洁明快,避免过于杂乱和沉重。客房墙壁多贴墙纸或涂乳胶漆;地板可铺地毯、木地板或瓷砖,颜色要稳重、淡雅。客房的天花板应该有一个简单的形状。有的房间在墙壁和天花板的交界处放置木角或石膏,或根据房间的风格在天花板周围放置适当的装饰。

家具可以根据房间的主题来选择。为适应现代社会的节奏,方便经营管理,客房的家具和装潢要相对简单,不要有很多错综复杂的线条和雕刻。一些“桌子”和“床头柜”可能是悬臂式的。中式房间的家具可以使用传统中式家具的颜色,但一般房间的家具仍然呈现与主色调相近的颜色。家具设计的重点是床头柜的造型设计与墙立面协调,使用的材料主要是木头和软包,安装结构分为壁挂式和床架式两种。

第三节 办公空间设计

一、办公空间的类型

(一)以办公空间的布局形式分类

单间式。单间式是一种办公形式,将办公区域布置在不同大小和形状的房间内。特点是房间相对独立,私密性强。

开敞式。开敞式是一种办公空间形式,几个部门被安置在一个大房间里,每个工作台都可以用一个低挡板隔开。其特点是节省空间,空间感觉开阔、舒展,同时装修、供电、信息线、空调等设施安装方便,成本低。

(二)以办公空间的业务性质分类

行政办公室。行政场所是党政机关、人民团体和事业单位的办公场所。

商业办公空间。商业办公空间是商业和服务单位的办公空间,装修风格往往带有行业窗口特点。

专业的办公空间。专业办公空间是指各个专业单位的办公空间,专业单位的执业范围很广,包括金融、网络、科技、文化娱乐等行业。

综合办公空间。综合办公空间是指以办公为主的办公空间,也包括住宅、展览和娱乐等。

二、办公空间的设计要素

（一）合理划分空间区域

1. 全隔断的办公空间区域划分

在办公室设计（图6-11）中，办公空间的划分也是一门学问。目前我国大部分企事业单位办公室采用全隔断空间划分方式，这种划分方式以办公室的设立和占用为基础，优点是设计方式简单，易于实施，因此每个区域相互独立，不受干扰，办公室人员可以很好地集中注意力。但这种设计方式也存在缺乏灵活性等缺点，不能满足现代办公室的办公需求，为了解决这个问题，很多银行和公司逐渐开发出根据功能等特点来划分办公空间的系统。这种设计公共空间的方法不仅满足了现代工作的需要，而且对提高企业的生产力也起到了重要作用。

图6-11　办公室设计

2. 个人与集体结合的办公空间区域划分

这种沟通布局的办公室优势明显，如可以避免集团办公室容易分心的缺点，解决现代办公必备的灵活性问题。

共享空间的中小型公共空间办公的好处是：提高职员参与策划的

意识,有利于提高工作效率;确保每个成员最大可能的工作自由;汇集各种不同的意见和建议;有利于集体内部信息的积累;培养解决问题的能力;会员可随时变更;对信息进行综合审查,判断更加准确;信息整合,总结出有用的信息;集体劳动能以多、快和经济的方式提高生产力(工作效率)。

这种设计方法的组合显然已经成为现代办公设计的趋势,但在设计时也应考虑以下两点:

首先,要注意设计导向的合理性。设计导向与空间中的人流有关。这种方位要"顺"而不乱,即方位明确,有足够的人流空间。当然,这也包括合理的布局。为此,设计中应模拟每个座位的人流,使其在变化中找到规律。

其次,要注意按功能特点和要求划分空间。在办公室设计方面,每个机构或功能区都有其需要考虑的细节,如财务室应防盗,会议室不应被打扰,经理室应能够保密,接待室应该适合谈话和休息……应该根据各自的特点来划分房间。在设计中可以考虑将财务室和经理室划分为独立的房间,财务室、会议室和经理室的空间由墙体分隔;听证室位于大堂和接待区附近;普通员工的办公区域规划在整体空间的中间等。

（二）空间形态方便内部交流与对外协作

不同类型的公司有不同的工作流程和工作方法。在设计办公空间时,了解公司内部关系和工作流程对空间形态的构成极为重要。在单元式办公空间的设计中,工作关系密切的办公空间环境要相邻、紧密,以利于交流合作,这样可以促进工作人员之间的相互交流和良好互动,培养合作精神。现代办公家具,可以根据不同部门和配套设施的功能需求,自由组合、量身定做。

（三）视觉识别性能方便企业形象的对外认知

不同公司的面貌和鲜明的背景可以体现企业文化和管理理念。在大型办公空间中,应以"定位"为目的进行设计。在分析周围人的"运动线"（运动方向）后,从相应的功能区域中选择明显的位置设置标志,赋予显示功能。在设计现代办公空间时,应充分利用标志的色彩和造型,融入室内气候,既起到明确的引导作用,又能让外界感受室内的企业文化。

(四)办公心理环境

现代家居理念不再孤立地考虑人与环境,而是强调以人为本的整体单元的关系。在办公空间的设计中,人是重点,因此有必要研究人的工作状态和行为习惯,以创造出符合人需要的人性面向办公空间。办公空间是人们长期工作和相互交流的场所。因此,办公空间的设计应结合人的办公行为特点和心理因素,组织空间布局,巧妙安排空间界面、色彩、灯光、办公家具等设施。

第四节　展示空间设计

一、展示空间的总体设计

展场空间可分为外围空间、陈列空间、销售空间和演示交流空间。

辅助空间可分为共享空间、服务设施空间、工作人员空间和接待空间。

共享空间又包括过渡空间、通道空间、休息空间。

通道空间的设计要考虑观众流量、流速,重点陈列品的最佳视距,演示的吸引力与演示时间等因素。

演示、洽谈空间与展示、参观流动空间相比,应属静与动的对比。此类空间在设计中应先考虑其使用功能。此功能区划应在展示和人流通道对其影响较小的某一区域设定。

展览空间的整体设计是对展览空间的布局和造型的整体看法。例如,对于一个展览场地来说,它的外部和内部的功能是什么;它的空间形式之间的关系是什么;外部和内部的过渡形式应该如何设计;整个场地是不是空间的顺序组合或平均重复空间组合;是否采取封闭或半封闭的封闭空间形式,或开放透明的空间。这种对展厅整体特色和风格的定位,需要优先考虑和确立。

展览空间的整体设计还包括考虑整个空间的照明和色彩。群展和专题展览往往统一考虑整个展区的空间环境、楼层与高度、音响与设备、种植与绿化。解决房间整体设计的具体问题主要包括以下几个方面:

(1)房间和活动分配。有两种情况:一是根据展示内容等功能需要来分配空间和场地;二是参展商和个人对展览空间和场地的要求。由于展览目的不同,经费不同,空间和空间的分配也必然不同,这也影响和决定了整体的房间设计。必须充分考虑展会的观众总数,这也是影响和决定空间和场馆分布的重要因素。

(2)时序和动线设计。所谓时序,就是观众按时间顺序走的参观路线,动线就是观众的运动轨迹。观众从入口到出口的整个过程是参与展览的过程,是展览空间规划设计的重要依据。在展厅和博物馆中,空间通常是按照动线来组织的。时序和动线的安排应基于展览内容的逻辑,尊重展览建筑现有的空间关系。

动线设计可以分为三种:一是规定路线,主要适用于展示内容比较严格、顺序性强的路线;二是独立路线,其中展示空间比较开阔,观众一目了然,行走便捷;三是通透方式,观众不仅可以自由穿行通道,还可以随时进入各个展区和展位,大大加强了与观众之间的联系。观众、展品和个人,体现了当代展览空间的开放性和透明度。

二、展示空间的组合设计

展览空间的构图设计引入了多个空间或分割空间的重复和对比、渐变等形式,在组合设计中要注意空间的以下几个方面:

(1)空间的连接与过渡。当两个较大的展览空间直接相连时,会让人感到单调和粗糙。如果在两个空间之间有一个过渡空间,观众会感到多样而合理。过渡空间的布置不宜沉闷拘谨,大多数情况下可以利用大厅、旋转或故意压制部分空间的处理来发挥过渡空间的作用。另外,从外部进入室内很容易有突如其来的感觉,此时在入口处布置玄关或加宽门框,也起到了过渡空间的作用。

(2)空间的相互渗透和层次。如果将相邻的两个展厅以开放或半开放的形式处理,则两个独立的展厅可以发挥部分整合的穿透效果。比如可以使用大面积的玻璃墙和隔断,也可以使用展柜和展示架的形式。总之两个房间可以尽量互相借用,增加房间的联系。这样不仅可以有效增加单间的空间感,还可以丰富房间的层次感。

(3)空间的顺序和节奏。一般观众在参加展览活动、观展时,会从一个展厅走到另一个展厅,从而建立空间秩序。运动中的空间视觉效果应该是一个完整的连续过程,在这个过程中要考虑每个空间的逻辑和节奏。在一个组合的空间中,没有中心和高潮,整个空间就会显得单调乏味,没有起点和终点,整个空间就会失落,没有整体感。

(4)空间的引导和暗示。使用空间来引导观众流动在很大程度上依赖于对空间构成的巧妙暗示。在空间中,应尽量建立信息通知系统,如果空间管理得当,人流可能会不经意间按照一定的路线排成一排。设计师可以利用房间的隔断、出入口来引导和影射观众,也可以利用房间的大小、光影、密度等方法来起到同样的作用。房间的大小给人开合不同的感觉。明暗与稠密也是人们在自然界和生活中经常遇到的现象:人们有规律地由暗走向亮,由密走向稀疏。

(5)空间调整。在展览空间中,为了改变原有空间的构成,可以通过隔断、改变界面、变换展览构件、展示道具和陈列、灯光和色彩等方式来调整空间,按需要重组。通过调整这个空间,可以创造一个理想的展示空间,完成展示空间的功能任务。

三、展示空间的设计风格

(1)建筑风格。建筑风格表现为展览空间构成的整体感。它包括几何体量的形状,具有视觉冲击力的非凡尺度以及具有个性特征的形状和色彩。其结构造型独特,材质为轻钢框架或格子框架与复合板的组合,色彩简洁明快,具有高级时尚美感和强烈的视觉冲击力。此类展示设计常见于博览会、展览会、交易会、商场、超市等。

(2)视觉虚无主义风格。随着新材料、新媒体、新技术的不断涌现,一种"视觉虚无主义"的展示设计风格应运而生。利用计算机程控系统和视频投影设备,将大量信息投放在展墙上,使音视频按照程序化程序同步显示,可呈现出整个空间的明快节奏。

(3)标准风格。标准化的轻质铝制展示架和复合板用于形成房间、展墙、展台、展示架等。标准展位有 3m × 3m、33m × 4m、33m × 5m、

63m×6m 等规格,高度在 3.5m ~ 4m 之间。缺点是造型简单,展示风格乏味,不易营造独特的视觉个性。

(4)统一性风格。各品牌专卖店形象、专柜形象是企业形象营销展示统一设计的应用。参展商在国际展览、区域展览和贸易展览会上的亮相也是战略亮相的一部分。因此,标准化的企业形象图形、字体、色彩等元素,与店铺特殊结构或装饰的道具,共同形成统一系统的风格,富有独特的个性。

(5)复古风格。展览环境中引入了优秀、人性化的古典文化遗产符号和材料,以及体现"天人合一"理念的自然元素。它的文体特征反映了后现代主义的概念。

(6)高科技风格。由工业技术与材料、建筑技术与材料、高科技与媒体等构成的空间艺术,体现了结构与技术之美。

(7)展示风格。运用重复与渐变、对称与平衡、和谐与对比、比例与韵律等视觉形式的规则和元素,营造一个充满秩序与美感的展示环境,满足观众审美和心理尺度的需求,实现信息传播和交流的功能。

(8)戏剧性风格。这种风格注重展示效果的形式美和表现手法的画面美。运用拟人化、情感化、情节化和特写的表现手法,营造特定主题的戏剧性艺术效果,增加展示的吸引力。在商业展览活动中,多见于博物馆、纪念馆、风俗民俗展览、科技馆等展览活动中的服装展示,多见于情景结合的展示和生活场景的再现。

(9)动态展示。动态展示是相对于静态展示的一种展示方式。动态展示的明显特点是展品在运动中向观众展示特定的自然现象、自然规律或功能,而不是让人们在静止状态下参观,观众主要是参与、触摸、操作和体验。另一种动态展示方法是使用真人作为模型进行动态展示。例如,模特穿着表演的服装秀。又如请人为某公司做导购员,散发宣传样本,招徕顾客,一般重点展品多采用这种展示方法。

四、展示空间设计要素

(一)光影和形

物体因暴露在光线下而产生阴影,而阴影使物体具有立体感。立体效果的强弱取决于光线的直接和间接、光线的角度和距离。北极和南极附近的国家,由于光照低、角度广和光照时间短,物体的阴影很长。反之,在赤道附近的国家,光照强度强,照度高,角度小,光照时间长,所以物体的影子较短。这就是光、影、形的关系,光源和有色光的数量变化,改变了物体的"可见形状",使之变得五彩缤纷。利用光的特性巧妙地处理阴影是光艺术的一种技巧。尝试从物体的各个角度照亮光线,物体不同的受光面和投影会带来不同的感受。左上角和右上角是45°,照明会产生怪诞甚至可怕的效果,因为它违反了传统的观看习惯。当掠光得到适当的补充时,可以淡化或消除不必要的阴影。带有滤色片的灯可以用在展厅和商店橱窗中,创造出不同颜色的光源,营造出戏剧性的效果。灯光技术的运用也颇受青睐。如今更常见的是使用软底透光和背景透光效果来强调展品乃至整个展台的影响力。道具的虚无主义使用也是对灯光的巧妙运用,强调展品而无视道具。展示照明光源的选择,以达到最佳展示效果、突出展品造型、还原展品本色、保护展品为基本原则。

(二)光色氛围

灯光和色彩氛围的设计通常是通过针对性的色彩设计和灯光形式的结合来实现的。灯光的手法往往用来反映周围的气氛,营造一定的意境,形成一个有机的整体,与展品的灯光形成对比。在展览空间中,射灯、激光发射器、霓虹灯等设施可以根据不同的想法使用,通过精心设计营造出多彩的艺术氛围。例如,对灯光的颜色进行处理,营造出戏剧性的氛围;通过色彩联想的运用,暖色光源营造出炽热的阳光或火光效果,多色灯光营造出炫目的奇幻效果。在处理光色时,必须充分考虑色光对展品或货物固有颜色的影响,尽量不使用与展品或货物颜色形成反差的色光,以免展品颜色失真。

户外展示环境的大气渲染可以使用泛光灯照亮建筑物,也可以使用串灯勾勒出建筑物或展示架的轮廓,或安装霓虹灯,在喷泉中使用彩灯,甚至在展品上使用探照灯或激光营造出温馨的氛围。在现代展览空间的设计中,灯光的控制往往与计算机技术相结合,根据不同的展示需求,达到渐亮、调暗、调光的效果,产生重叠流动、瞬间变化、美观亮丽的灯光效果。

五、会展空间设计

展览设计站在特定的时期和空间,运用多种媒体手段,构建一个空间利用效率高、视觉感受舒适、艺术形式独特的完美展示空间,将一定的信息和内容有序、系统地传递给观众,能实现既定的展览意图和目的。

为展品创造合适的展览环境,为参观者提供良好的观赏场所和环境是展览设计的核心要素。在设计形式丰富多样的展示空间中,设计成败的关键在于营造一个具有特定主题和独特特色的空间,使参与的设计展位得以整体呈现。

（一）会展的主要类型

观赏型：各类美术作品展、珍宝展、民俗风情展等。

教育型：各类成就展、历史展、宣传展等。

推广型：各类科技、教育、新材料、新工艺、新设计、新产品成果展。

交易型：展销会、交易会、洽谈会、博览会。

依据会展内容也可分为：文化类、艺术类、商业类、娱乐类、科普类、教育类等。

（二）会展空间设计原则

（1）观景路线的合理性。游客路线的合理设计和人流的控制是整个展示设计中的重要组成部分。应仔细考虑主要和侧面通道、出口以及参观者路线的周边和连接展览空间的布置。

（2）新颖独特的空间形态。构成空间的风格元素要简洁,有强烈的个性。要充分利用色彩、光影、图形符号等各种设计元素,营造引人入胜的呈现环境。

（3）设计方案的彻底性。从展品内容的布置、色彩和灯光效果来看,展品、道具、展台、货架、设备的展示方式和位置关系到空间的节奏和连续性,展品的要求和规格应符合安全、消防和安保等方面的要求,使展览前后的工作更容易开展等。设计师要有清晰的思路,仔细思考。

（4）视觉传达的科学性。展品、图像、文字和光电器件的布置应从人体工程学的角度,考虑视力、视阈、视角、视距、视觉容量、视觉感知度等方面的舒适。

（5）指示手段的形式多种多样。应善于发现和使用新材料、新工艺、新技术和新媒体。

（三）会展空间设计方法

陈列室应满足各种实用功能的需要，如展览展示、交流、贸易销售和人流组织。在设计之前，设计师首先要分析定位展览的主题、类别、目的和意图，深入了解展览的内容和观众。这决定了设计的形状、房间的结构、展示方式、媒体的选择和许多其他设计元素。其次，要非常清楚展示设计的内容、展示的观众以及展示所要达到的影响，运用各种呈现方式，确保设计指导思想能够科学、可理解、真实地表达出来。营造独特的展示效果，使展会活动带来良好的社会效益和经济效益。最后，在对展示目的、背景、环境、需求、人为因素等进行深入研究的前提下，进行系统的数据整理和信息收集，进行方案的初步创意设计，然后深化设计方案，组织实施方案。

在设计展览空间和布置展品时，首先要做的是根据人们的视觉行为、展台的面积和尺寸来确定观众的流动方向和展览空间的大小。功能区域分布等结合展览内容和展览场地所在建筑的现有结构，确定展览场地平面、立面和空间中具体展览内容的组织安排。

第一，选择合适的展示手段和形式，以达到最佳的展示和传播效果。第二，必须对整体空间、灯光、展览设备、材料、展示媒体等进行内容设计，下定决心运用新材料、新技术，打造具有艺术感染力的展览空间。设计时要了解场地的光源、供电、给排水系统、通风、物流系统和其他基础设施和设备。通常，场馆基础设备的布置，如电源、给排水系统、通风系统和管道等的安装位置，在展馆建设过程中已经确定，对展览场地的分隔和使用给予了诸多限制和影响，应明智地使用它或避免它。

第五节　餐饮空间设计

一、总体空间布局

不论餐饮房的大小和性质如何,它都由几个部分组成:主餐厅、独立餐厅、卫生间、厨房车间等。为了正确对待餐饮业的空间划分,合理、有效、安全是必须要考虑的。

二、空间动态流线分析

餐饮空间的设计应满足接待顾客、方便顾客就餐的基本要求,体现餐饮空间的审美情趣和艺术价值。

面积决定了餐厅的室内设计,经济、合理、有效地利用空间是设计的手段。秩序是餐厅平面设计中的一个重要因素。餐桌和餐椅的布置必须满足客人活动区域的舒适性和可扩展性,并兼顾不同过道房间大小的便利性和安全性,以及送餐过程的便利性和合理性。服务通道和客人通道是分开的,过多的交叉口会降低服务质量,因此好的设计会将顾客和服务通道分开。

三、整体文化的表达

作为用餐区,人们在用餐时可以享受到文化艺术的美感,无形中增加了用餐区的附加值。餐饮空间的设计可以利用各种历史文化元素、民族地方文化元素等营造文化氛围,多角度开拓不同文化风格的内涵。具有良好文化品位的用餐环境会极大地影响顾客的自发消费,而独特的空间往往会吸引顾客进店消费。

设计师要善于分析不同社会群体的需求和社会文化心理,仔细寻找人们喜爱和欣赏的文化主题,拓宽和深化设计元素,将整个用餐区打包,创造一个具有文化主题的用餐区。

四、色彩与材料的选择

环境的颜色直接影响客人的心理和心情,而食物的颜色会影响客人的食欲。颜色具有情感和象征意义,如黄色代表高贵和权力,蓝色代表深度,红色代表热情,白色代表纯洁和清洁,绿色代表生命和青春。不同的人对不同颜色的反应不同:儿童对红色、橙色和蓝绿色等专色反应强烈,而年轻女性对流行颜色更敏感。设计要考虑顾客的群体、年龄和爱好,以吸引顾客群的兴趣,用色彩营造不同餐厅的情调和氛围。

营造餐厅氛围,离不开材料的载体。例如,天然材料给人一种亲切的感觉,有一种朴实无华的自然气息,在用餐的同时还能营造出舒适温馨的氛围。平整光滑的大理石、金属镜面材质、质感清晰的装饰面材,能营造出隆重高贵的联想和感觉。材料的选择不是越昂贵越好,而是仔细的构思和明智的选择,使它们相互协调。贵重的材料可以彰显富贵奢华,简单的装修材料也可以营造出高雅的美感。

餐饮区的材料选择要符合功能的需要,地面材料要坚固耐用,易于清洁。立面墙体或隔断反映了设计标准和设计特点,具有虚实变化、审美尺度等技术要求。根据功能的需要,选择一些带有吸音材料的材料,可以降低餐厅的噪声,提高人际交流的音质,改善就餐环境。

五、灯光照明的设计

照明对餐厅客人的视力、口味和心理有重要影响,可以用光与暗、光与影、虚与实来营造美妙的光效。

根据不同餐饮企业的业务定位,有不同的灯光系统。西餐厅讲究雅致,灯光系统风格柔美;中餐厅以集中的色调和暖色调的灯光来装饰界面空间,使其明亮而温暖。

餐厅房间照明应具有多层次的光强感。餐桌上的重点照明有助于增加食欲,而带有艺术品的墙壁可以通过局部照明增强艺术氛围,形成光影对比,丰富房间的平面。灯具是重要的装饰元素。它的外观具有明显而独特的优势和魅力,表达了空间的格调和美感。

六、家具的选用

餐厅的桌椅是供顾客享受美食过程的设施,首先要方便顾客使用,还要考虑大小和形状是否与空间相匹配,以及与空间的关系、整体环境风格。餐椅是与消费者直接接触的家具,既要满足使用功能,又要具有视觉美感。餐厅吧台或服务台的设计和造型是室内设计中的一个亮点,在设计中要考虑独特的处理方法。

第七章 室内设计应用与实践

在现代室内设计教育与实践中,应用性研究不仅是理论知识的具体呈现,更是创新设计思维的重要路径。本章深入探讨了当代室内设计中技术美学的多元应用、环境心理学对空间设计的影响及其实践意义,并通过案例分析揭示了理论与实践结合的复杂性与创造性。通过系统剖析具体设计案例中的关键要素,本章旨在帮助学生在实践中深化对室内设计核心理念的理解,提升其艺术感知力与解决实际问题的能力,为推动室内设计领域的应用创新提供具有实践价值的参考与指导。

第一节　当代室内设计中技术美学的应用

一、技术美学的体现

（一）设计结构中体现的技术美

现代主义风格依靠玻璃和钢结构的运用,追求精致、简洁、极其理性。然而,作为这种表现形式的继承者和发展者,建筑师福斯特、罗杰斯等人在 20 世纪七八十年代发展了以结构形式、建筑设备、材料特性和光影设计为表现内容的美学技术。现代性的那种单一的表现形式被抛弃了。这一时期的技术成就不同于高技术时期的风格,它将结构与艺术有机结合,以灵活、夸张、多样的概念激发人们的心灵,使结构与技术成为优雅的"高科技艺术",不再以反艺术的形式出现。

上海火车南站的室内设计展现了信息时代典型的技术和审美特征。50000m² 的圆形屋顶以其晶莹剔透的外观,无论白天黑夜都能在各个方向引人注目。圆形屋顶的创意充满个性,画面感十足,气势磅礴。建筑形式摒弃一切多余的建筑装饰,采用充分展现结构本身的表现力和空间表现力的方式,使建筑形象更加生动和现代。十八组"人"字形钢梁支撑屋面系统,体现建筑的力量和美感。

新型屋面材料、精良的钢结构系统和铝合金遮阳系统,通过材质对比、纹理变化和节点处理,获得精致的外观效果。整体建筑形象具有强烈的视觉冲击力和标志性特征。屋顶系统的材料组合在白天提供室内漫射天窗效果,给体验者良好的视觉、心理感受和独特的车站空间体验。

今天的建筑不再是钢铁般的机械风格,也不再是铆钉和许多暴露的设备线。设计师继承了真实表现金属等材料结构的理念,采用高强度玻璃、薄膜纤维、铝合金等更轻、高强度的材料,以及网状、钣金等轻薄的材料形式和管道,如北京瑜舍酒店的室内设计大量采用金属格子结构,在现代科技条件下展现技术美感。节点的细节经过精心设计,表达机械转动之美。换言之,在现代主义装饰艺术的技术语境中对装饰的诠释,就是利用建筑本身的元素来创造本体的装饰美。艺术与技术表现力求通过精巧的结构设计和精密的构造，获得光学的轻盈、通透、虚幻和未来的效果。在信息时代，轻、细、柔、细的技术美学取代了以"厚重、巨量"为特征的机器美学。

天喜大堂的设计在结构上也别具一格：施工注意尽量减少污染，避免使用黏合剂，将各种造型与结构节点连接起来。也可以说，这种设计是对绿色建筑的回归，是一种对室内的探索：有节奏的木格子用金属连接器组装和固定，代表了对新建筑技术的探索。与普通的建筑方式相比，这种方式取得了重大突破，是绿色建筑的一种方式。此外，银灰色金属钢架的冷色调与生态木的暖色调形成对比，水平安装的金属钢架整齐地穿过垂直安装的生态木格子，在高科技条件下，形成形态对比，展现结构之美。

（二）设计材料和工艺中体现的技术美

设计是指以视觉方式传达一种计划、想象和解决问题的方法的过程。材料是设计实现的物质基础。没有材料的支持，任何完美而有意义的设计理念都无法实现。无论出现什么样的新材料，都会对设计产生影响。材料不仅是新技术的载体，也是表达室内设计作品技术美的重要手段。此外，材料的美只能通过正确的工艺来表达。在现代室内设计中，材料和工艺是设计形式的表现元素和视觉传达的重要媒介，是体现设计精髓和情感的核心。装饰材料和建筑技术的合理使用是现代室内设计的核心。随着装饰材料和工艺种类的增多，现代室内设计最重要的表现方式之一就是用合理的工艺表现材料的特性和特性，进而表现出美的特性。

正确选择适当的装饰材料和工艺将有助于反映室内设计的正式特质。因此，选择合适的工艺和优化使用每种材料是优秀的室内设计的必要条件。

因材施法：不同的材料有自己的特性。例如，玻璃、木材、钢铁和石头都有不同的含义和表达方式。木给人朴素自然的感觉，石头给人厚重大气的感觉，玻璃给人现代明朗的感觉，金属给人粗犷现代的感觉，应根据它们的特性来实施具体的设计。

以质取材：这里所谓的"质"就是内容或功能。为了尽可能地表达室内设计所要表达的风格,必须根据所标明的具体内容,选择与之相配的材料,不允许胡乱使用。在室内设计中使用不同的材料具有不同的表现效果。例如,如果在中式室内设计中大量使用现代材料和金属材料,势必会破坏其功能和形式的美感。因此,按质用材是表现科技之美的基本原则,在使用这些材料之前,必须了解它们的特性。

比如西安滚石新天地,由著名设计大师谢英凯设计,整个空间以解构主义为设计理念,完美地诠释了音乐与建筑的最高层次融合,赢得了亚洲未来空间奖。房间以轻奢的色调轻轻勾勒出耀眼的金色宫殿。设计以灰茶镜、科技纹防火板、复合木地板、进口柠檬石、英国棕石、手工树脂板为选材;在颜色上以金黄色为主,给房间增添了一种独特的奢华贵族气质。在灯光的作用下,柠檬石闪闪发光,与透明的玻璃栏杆相得益彰,与光滑的不锈钢金属扶手形成对比,展现出高科技条件下的材质之美。在西安滚石新天地的设计中,高科技防火木纹被广泛使用,与玻璃、金属、石材形成色彩对比,兼具防火功能和特殊的材质美感。

又如天喜东方的设计,大堂墙面表面处理采用灰水泥和白水泥1:2的比例。先做灰色水泥底座,然后将草叶钢印图案固定在墙上,墙面用 20mm 白水泥处理,干燥后在墙面形成自然的花纹纹理,还原材料的本色,创造出一种特殊的质感效果。在表面的处理上,匠心打造出草叶的质感效果,在高科技条件下的科技之美中彰显工艺之美。

(三)设计形式中体现的技术美

室内设计是艺术形式和技术以形式美为准则的综合体。形式美是指物体形式要素组合的审美价值。室内设计中的形式美体现在三个方面:适度美、平衡美和韵律美。这些表现形式都是为了满足用户正常的生理和心理需求。首先,适度美是室内设计的要求,室内设计的适度美有两个中心点:一是注重人的生理适度美,二是注重人的心理适度美。在室内设计中应用形式美的规则时,适度的美很重要。其次,室内设计追求平衡美是不同造型的心理感受,其特点往往富于变化。最后,韵律美主要是指室内设计中的有规律的重复。韵律趋于变化,节奏趋于一致。韵律美是心理学和生理学对室内设计的审美体验和对室内整体设计的综合感知的高要求。

比如,天喜大堂的空间形态就来源于一种有机形态:海水礁石腐蚀留下的洞穴岩石痕迹。一排排木格子以钢架结构组合安装在墙面和表面上，有节奏的波浪形木格子的有机体量覆盖了整个空间，颜色以实木为主。没有引人注目的装饰和多余的配件，根据"少即是多"的座右铭，将内部配件减少到最低限度。简约是当今非常流行的设计趋势，也是室内设计中值得提倡的方法之一，是当今低碳生活理念影响下室内设计的必然发展趋势。

设计师的空间意象主要表现为"自然、平静、韵律、简约、地域"等。自然是传统文化中"天人合一"思想的传承；平静是一种心态，一种状态；韵律是海边位置的地理特征所赋予的设计——如水一般的波浪形，也是一种宁静的韵律和喜悦；简约是当今室内设计的主要趋势；地域是表达传统文化和现代设计文化内涵的重要组成部分。大堂的设计以整体模仿自然为主，洞穴、波浪、草叶等有机形态在设计中得到充分体现，体现了人与自然和谐相处的传统文化思想。我国又用现代科技诠释了传统文化的内涵。在处理墙面时，主要的装饰元素是"草叶"的有机形态。大部分草叶纹理隐藏在生态木格下，而弯曲的木纹则附着在表面上，使图案显得半隐藏和模糊。之所以采用有节奏的弧形墙格，不仅体现了它的文化底蕴，还可以解决原建筑工程的管道和结构带来的问题。设计师用草叶的复杂造型来隐喻周围茂密的植被和地理脉络，同时体现东方哲学和文化的内涵，暗指一种低调的生活方式，一种简单、平静、安宁的生活态度，所有的哲学思想都包含在一片草叶中。

（四）表面设计与细部设计中体现的技术美

现代的室内设计时尚简约，与过去注重装饰的室内设计有着本质的区别。没有多余的装饰，往往需要更加注重细节的设计和执行，以免给人冷漠和空虚的感觉，从而体现室内设计对人的关怀。因此，表面和细节是否管理得当，直接影响到居住空间的使用功能。尤其是随着不锈钢、玻璃、塑料等材料在室内设计中的大量使用，研究这些材料的细节就显得尤为重要。比如底部覆盖有防滑处理的不锈钢板，呈现出特殊的质感美感。以功能为导向的室内设计简洁，不采用复杂的设计，以避免视觉上的空隙，丰富视觉体验，强调细节。只有细化细节，才能满足人们的视觉需求，让人感觉舒适。因此，使细节精致、完美、实用成为室内设计的重要原则。

总之,科技已经融入室内设计的方方面面,成为表达室内设计美感的重要因素。如果说建筑是一门充满理性和感性的艺术,那么科技就是一把激发灵感的钥匙。尤其是在不同风格并存、不同文化共存的时代,设计师应努力将技术与设计因素结合起来,进一步丰富设计的表现语言,同时不断寻找设计本身丰富的表现力。技术美学并不为现代设计提供任何具体的设计方法,而是提供解决问题的方法,并在理论与实践相结合的基础上,展示现代设计中应考虑的相关问题。

二、技术美学存在的问题及人性化趋势表现

（一）当代室内设计中的技术美学问题

技术美学对室内设计发展的影响与日俱增,促进了室内设计独特审美体系的形成。然而,由于技术美学的发展在室内设计中仍然过于死板、生硬、机械,因此在具体的设计实践中,存在着诸多缺陷和不足。通过上述分析和实地调研,笔者发现当代室内设计中技术的应用主要存在以下不足。

1. 技术之美中缺乏人性

可以说,技术美学源于人们对工业生产中机器生产去人性化的反思。由于当时大量机器投入运行,人工工作被取代。虽然减少了人的体力消耗,提高了生产效率,但一些行业的工人在生产过程中必须服从机器运动的要求,人在一定程度上成为机器的奴隶。车间体力劳动时代的工艺让位于科学技术,标准化、规模化生产抹去了产品的个性。这一切都带有疏离的色彩。技术美学的出现旨在缓解这种状况,压制生产和设计中的非人性化因素,使设计成为符合人类心理和生理需求的优秀作品。

功能美是室内设计的一个重要因素,但只有功能美而不能满足人们审美需求的作品是不成功的。当代室内设计不仅要考虑设计对象的功能性,还要考虑其美观性,通常功能性是物质性的,审美性是精神性的。产品的功能决定了产品的形式,产品的形式服务于产品的功能。然而,在当代室内设计中,技术美学崇尚功能美,将功能的运用作为判断设计成败的唯一标准,很多设计工作片面追求功能,未能满足用户需求。室内设计作品的技术成果之美是由其功能决定的。如果只关注技术本身而忽视功能美，当以功能美为主体时，技术美就只是空洞甚至是表面的技术展示。如果在选择材料和形状时忽略用户的心理和安全，没有人性关怀，设计出来的作品不会是好作品。

当代室内设计作品在技术执行上缺乏人文关怀的原因主要在于以下几个方面：（1）强调空间整体形态的技术表现特征；（2）缺乏对人的精神需求的关注；（3）缺乏设计与语境的联系；（4）无视室内气候和中国人文特色的表达，使室内设计显得"冷"，导致室内出现艺术单一的问题，与当代社会工程美学多元化、人性化的特点相矛盾。只在科技表达的范畴定位，会造成技术表达的缺失。因此，设计师应该明确设计的目的是为人服务，而不是表达技术。科技美的成就只是一种设计表达，并不是最终目的，社会科技未来的发展趋势是与人和谐发展，人类的生活不应该缺乏人文关怀或被科技理性所控制。

2. 技术美中只重视技术问题

当今社会对科技美的表现，与过去"露出建筑结构、通风管道、凸出铆钉"的高科技粗暴表达方式不同，在承重结构和材料物理性能的合理利用方面，可以说现代科技美的表现更符合逻辑和意义。

但在技术美学的应用中存在着对技术的崇拜、过分强调工业化特征、重艺术性轻理性等问题。一些设计师为了营造一些"高科技"的特点，在作品中加入了很多不必要的装饰构件、夸张的建筑结构和节点设计，使设计作品成为展示科技之美的载体，缺乏经济性因素。整体设计对环境的考虑和关注不符合当今社会对"低碳生活"的追求。

3. 技术美中的呆板化问题

技术美中的呆板化问题表现在对技术形式的一味追求上，事实上，室内环境是为"人"服务的，所以设计要充分体现人的价值特征，把人作为设计的主体，研究人不断变化发展的生理和心理特征，力求找到合适的环境结构。在进行室内气候研究时，必须研究生命的认知、习惯、感觉、认知、智力、生命活动规律，以及人对室内气候的各种反应。

室内设计要避免上述技术美学问题，一是要理智使用新技术，不能盲目崇拜；二是要满足人们生活的需要，让新技术更好地为人们服务；三是室内设计要满足人们的生理、心理和情感需求，体现人性化的关怀；四是在室内环境中运用技术形态语言表达中国传统文化。

（二）技术美学中体现的人性化趋势

21 世纪初，世界经济发展迅速，但环境问题日益重要。"节能减排"不仅是当今社会的流行语，更是全人类未来的战略决策。将环保意识"节能减排"融入室内设计理念，改造现有的施工方式和传统材料，共同减少全球温室气体（主要是二氧化碳）的排放，是人类的必然选择。"低碳生活"节能环保，有利于减缓全球变暖和环境恶化的速度，势在必行。在这样的社会经济背景下，室内设计的审美层次已经从单一的形式向文化意识层次转变，设计师更加注重对艺术风格、文化特色和审美价值的追求。因此，当代室内设计在低碳的同时，更应该强调人文精神。

1. 低碳化室内设计

在现代室内设计中，设计师不应一味追求美学而忽视环境问题，而应树立节能减排意识，充分利用空间，努力实现低能耗、低碳的设计目标，力求人与环境、人工环境与自然环境的和谐。我们不仅要考虑发展的新变化，还要考虑能源、环境、土地、生态等方面发展的可持续性。总之，室内设计应充分考虑其未来的可变性和无污染性，为未来的转型打下良好的基础，既能节约能源和材料，又能适应不断变化的社会和人们的需求。

室内设计中的低碳主义不是偶然产生的，"装饰主义"和"现代主义"也是如此，两者都有其历史必然性。这有两个原因，一是经济原因。经济的快速发展和人民物质生活水平的提高是"低碳主义"出现的物质基础。随着科学技术的进步，各国综合国力有了很大提高，人民生活也有了很大改善，但环境却越来越恶劣。"低碳"为人们创造健康美学，保护生态环境，节能减排是"低碳"的必然要求。二是节能需求。从节能的角度来看，"低碳主义"的出现是不可避免的。我国幅员辽阔，资源丰富，但总体人口多，人均资源少。"低碳设计"不仅要求选用高科技、环保的建筑材料，而且在节约土地资源、节能、防水、保温、隔音、抗震等方面效果明显，建设成本非常低。"低碳设计"在设备的配置和使用上与常规方法有很大不同，可提高太阳能、热能、风能等自然资源等绿色能源的利用率。这种设计不仅可以降低能耗，而且清洁、卫生、安全。

可以说,"低碳设计"作为一种新的设计理念,对室内设计的发展起到了重要的推动作用。因此,设计师应积极面对这一挑战,抓住机遇,以"低碳"为准则,不断努力开发一些新的"节能"方法。同时,我们要长期坚定不移地践行低碳理念,让我们的环境得到更好的保护和改善。

现代室内设计为了保护环境,必须将低碳意识渗透到整个设计过程中。空间设计时应充分考虑通风、采光、气候等因素,充分利用自然能源对室内空间供暖制冷的作用,减少不可再生能源消耗;生态木等高科技建材,可减少木材消耗,不危害人体健康;在技术上,应尽量采用低能耗、低污染、低排放的环保方式,如结构连接取代传统连接;室内应放置一些绿色植物,如绿萝、天竺葵等,不仅美化环境,而且净化空气。例如,为了保护环境,减少材料消耗,减少施工过程中产生的污染,深圳一家设计公司在处理顶空时摒弃了传统的吊顶方式,而是采用了PVC管材的结构吊顶,管材被放置在使用的管道之间。连接器通过金属线连接,悬挂在顶面下方。无论是材质还是工艺,都体现了低碳环保的特点。地板的处理也别具一格,利用废弃的枕木营造出独特的艺术质感效果,将结构简化到极致,营造出非常温馨的艺术氛围。

2. "人本主义"设计

建筑的服务对象始终是人,同时人也是建筑的设计者、建造者和使用者。正如卢吉尔先生所说:"建筑的起源在于人们无法忍受森林中的潮湿和洞穴中的黑暗,他们决心用自己的才华来弥补大自然的粗心。他们用树枝和树叶来建造可以防风防雨的建筑物——原来的房子。"在现代社会,建筑变得越来越复杂和功能化,但建筑为人服务的本质不会改变。当今社会如何做好人性化设计是我们的一个重要课题。

随着社会的进步和科技的飞速发展,室内空间不再仅是人们避风避雨的空间,更是一种艺术、舒适、科学、人性化的实用空间,由设计师根据现代设计理论,采用现代科技、新工艺、新材料精心设计。在当今的社会环境中,人们开始营造具有人文气息的生活空间,追求意境的创造。因此,"人性化"的室内设计应该以满足人们的情感生活和精神需求为目标,依靠现代技术创造出具有审美价值的室内设计作品。

装饰设计已成为表达人文特质的一种手段。设计师从自然中汲取灵感,然后通过技术表现将其付诸实践,即利用高科技和新材料改造自然和地域文化,实现技术性。可以说,技术的表达方法可以充分创造室内环境中的第二自然空间,即可以表达一种重构的、抽象的、凝固的自然。

无论什么样的装修形式都应该以人为本,如果技术性能是室内设计的唯一目标,必然会导致空间乏味。避免这种情况需要体现人文关怀。无论是具有数千年深厚文化底蕴的中国传统文化,还是自然环境的有机生命形式,都容易引起人类潜意识的共鸣。作为设计师,应该努力发现各种具有装饰属性的元素,丰富装饰语言,带给人们各种精神上的快乐。没有统一的技术术语,只要理解适度的原则,每一种设计风格都是有用的补充。最后,工程美必须考虑材料的环保因素和结构的合理性,体现"低碳设计"的理念,促进人与自然的和谐发展。

第二节 环境心理学在室内设计中的应用

一、环境心理学的释义

环境心理学是"研究环境与人的心理的相互作用和关系"或"研究人与周围环境的关系"的学科。这是将心理学引入建筑或环境,形成跨两个领域的边缘学科,它是一门新学科,对它的认识还很零散。心理学界认为,环境心理学是分析和研究人的经历与行为之间的相互作用和关系的心理学领域,是对人与环境的关系提供系统解释的领域。建筑界认为,环境心理学与其他心理学分支有着明显的区别,环境心理学侧重于研究人与社会及周围物质环境的关系,注重运用现代科技手段,探索人类与环境之间存在的解决方案,是解决未识别问题的途径。环境心理学的研究离不开普通心理学的基础知识,但环境心理学侧重于对环境的研究,尤其是对物理环境和心理评价的研究。

环境心理学不仅与建筑领域息息相关,而且在建筑领域和建筑环境之外,生活的各个领域也都受到相应社会环境的制约,这就是为什么广义的环境心理学自然也包括和包含了社会环境领域和社会环境心理学。环境心理学与建筑学、城市规划,尤其是室内设计、一般心理学密切相关,它研究人们对居住环境的需求(反馈),目的是根据人们的心理需求改善生活环境质量。

二、人类行为与室内设计

如果我们仔细观察人类的行为活动,肯定会发现其中存在一定的趋势和规律。例如,如果观察一些人的行为,会发现步行速度因年龄、性别和行人数量而有显著差异。不仅如此,在不同的时间、不同的地方,如车站前的广场或者候车区,人流量也会有规律的变化。

从对暂时行为的观察中,可以发现人的内在品质。从这些特征中,我们可以认识城市的社会制度、风俗习惯和形态,进而发现影响建筑空间构成的一些因素。一堵墙、一根柱子既可以引发行为,也可以反过来代表某种限制。

这样,人们在空间中的行为收集和分布的过程、内在的共同规律或秩序,就构成了人们在空间中的行为特征。厘清这个问题,也就是把握住这个问题,是一些大型公共空间的室内设计在设计方案中纳入人的行为的第一步。然后要对这种行为特征进行概括和建模,即根据公式想象一个设计方案,表现人们在实际施工后应该有如何表现。这是因为一些原有的规划设计存在潜在的缺陷,如预期的空间不足,缺少所需的分散配置,以分散的方式划分流量,缺少空间信息引导,或者引导失败。这些因素在设计和规划阶段都应提前充分考虑,提前正确预测人们将如何在规划的空间内进行活动,可以避免完成后出现很多混乱的情况。

在现代社会生活中,信息导向发挥着非常重要的作用,但并不总是得到妥善的管理。在某大城市的火车站,站前远远可以看到一号候车室、二号候车室和三号候车室的醒目标志,但并不表示行进方向。旅客仍需进入候车室,才能了解每个候车室的行进方向,这样的标志就失去了主导作用。如果行进方向用粗体大字标出,一目了然,可避免乘客的困惑。

如上所述,空间与人类行为之间的直接对应关系广泛存在,理清两者之间的关系并做出正确的设计决策和评估非常重要。简而言之,设计者可以根据行为模式对设计方案进行比较、审查和评估,并对设计进行反馈。

三、室内环境的舒适性

（一）声环境的舒适性

为了准确评估和评价舒适度，应考虑以下指标，这些因素会影响声环境的舒适度。

工作噪声——工作时产生的噪声。

暗噪声——伴随着工作噪声以外的声音。

强噪声源——音调特别强烈的噪声源。

混响时间——室内噪声的响度。

声音清晰度——听到声音的难易程度。

馆内广播的可听性。

BGM 的适用性。

是否有振动。

（二）光环境的舒适性

对照明环境最基本的要求是视觉清晰（工作台面清晰可见，使工作安全，效率高）、舒适（保持良好的氛围和适宜的照明，工作和生活都舒适）、表现性能（强调人和装饰物，使其看起来更华丽）和具有象征性（带有照明和照明的物体暗示存在和某种情绪）等。

为了满足这些要求，不仅要考虑照度大小，还要考虑视野中的亮度、眩光和光的方向、阴影效果、光色效果、反射效果等方面。此外，自然光的影响也被考虑在内。

影响光环境舒适度的主要因素如下：

工作台面照度平均值。

整个工作表面的照明均匀性。

局部光环境评价，如处在立体效果的一些特殊现象的评价（如窗前的人像等）。

人影现象，逆光观看人像。

影响 VDT（个人电脑和文件处理设备屏幕等）工作效率的主要因素有：

VDT 的查看程序。

照明器具的乳光性。

与室内亮度和气氛有关的最重要因素是：

光源的光色。

光源显色性，指物体的颜色因光源而出现变化。

所有项目中最基本的是与明视的关系，尤其是工作表面的照明和均匀性。考虑到作品的性质，灯具的乳光和 VDT 的观看方式也成了重点。

（三）热环境的舒适性

室内热环境是由室外自然条件、保温、漏风、太阳辐射屏蔽等建筑性能和采暖、通风等设备性能共同作用的环境。

营造合理的室内热环境，最重要的任务是缓和或切断因季节变化而对外界自然条件的影响，使室内人的活动感到舒适，发挥更好的作用，这就是室内性能的校正。因此，室内热环境评价的目的是根据室内热环境的状态来判断和评价人体是否感到舒适。

热环境的舒适和不便也影响健康、效率和生产质量，是决定空间性能的重要环境因素之一。

影响舒适度的因素属于热力要素，包括以下四个要素：

温度（室温）。

湿度（相对湿度）。

气流。

辐射温度。

有两个要素属于人体方面：

衣物量。

活动量。

一般来说，室温是最重要的，其他重要因素也对人体有影响。在实际的热环境中，这些因素需要相互关联考虑。采用综合评价的观点是非常重要的。

预想平均报告"PMV"（Predicted Mean Vote）和标准新有效温度"SET"（Standard New Effective Temperature）更多地作为综合评价指标，特别是从强调舒适性的角度，强调对不均匀性的考虑：

上下温度分布。

辐射温度不均匀。

室温变化。

气流不均匀和波动。

（四）空气环境的舒适性

空气是提供氧气的最重要的环境因素。空气污染影响人体的安全和健康,甚至对生命构成威胁,因此必须充分注意保持氧气浓度和空气纯度。特别是在最新的建筑中,气密性得到了改善,空气污染的可能性增加了,保持舒适空气环境的需求也增加了。

空气污染涉及的物质很多,其中大部分是人体无法直接感知的无色无味的气体。这表明,客观地检测和评估空气环境状态对于避免未来的危害并确保人类的舒适和健康非常重要。

氧气浓度降低或浓度超标成为问题,这意味着空气中含有污染物。主要的空气污染来自燃烧和吸烟产生的物质、建筑材料和 OA 机器(办公自动化)以及人类产生的物质,有三部分。

燃烧和吸烟产生的物质:一氧化碳、二氧化碳、氮氧化物、硫氧化物等。

来自建筑材料和 OA 机器的物质:甲醛、臭氧、氡、石棉等。

人类活动产生的物质:二氧化碳、悬浮物(尘埃)等。

参考文献

[1][美] 尼尔森(Nielso,K.J.),[美] 泰勒(Taylor,D.A.).美国大学室内装饰设计教程 [M].上海：上海人民美术出版社,2008.

[2] 蔡绍祥 . 室内装饰材料 [M]. 北京：化学工业出版社,2010.

[3] 蔡颖估,徐鹏 . 家庭装修设计与施工 [M]. 成都：四川科学技术出版社,2003.

[4] 陈德胜,刘楠 . 室内空间设计原理 [M]. 沈阳：辽宁美术出版社,2016.

[5] 陈易 . 建筑室内设计 [M]. 上海：同济大学出版社,2001.

[6] 邓雪娴,周燕珉,夏晓国 . 餐饮建筑设计 [M]. 北京：中国建筑工业出版社,2012.

[7] 董君 . 公共空间室内设计 [M]. 北京：中国林业出版社,2011.

[8] 冯美宇 . 建筑装饰装修与构造 [M]. 北京：机械工业出版社,2004.

[9] 盖永成,魏威,盖文来 . 室内设计思维创意方法与表达 [M]. 北京：机械工业出版社,2017.

[10] 高嵬,刘树老 . 室内设计 [M]. 上海：东华大学出版社,2010.

[11] 郭立群 . 室内空间设计语言 [M]. 武汉：华中科技大学出版社,2016.

[12] 郭谦 . 室内装饰材料与施工 [M]. 北京：中国水利水电出版社,2006.

[13] 郝维刚,赫维强 . 建筑室内设计——创建宜人的室内环境 [M]. 天津：天津大学出版社,2000.

[14] 侯淑君 . 室内设计思维与方法研究 [M]. 长春：吉林摄影出版社,2019.

[15] 胡海燕 . 建筑室内设计 [M]. 北京：化学工业出版社,2009.

[16] 霍维国,霍光.室内设计原理[M].海口:海南出版社,1996.

[17] 焦涛,李捷.建筑装饰设计[M].武汉:武汉理工大学出版社,2010.

[18] 金卫华.商业空间装饰设计[M].杭州:浙江科学技术出版社,2004.

[19] 来增祥,陆震纬.室内设计原理(上册)[M].北京:中国建筑工业出版社,2003.

[20] 黎志涛.室内设计方法入门[M].北京:中国建筑工业出版社,2004.

[21] 李朝阳.室内空间设计[M].北京:中国建筑工业出版社,2011.

[22] 李丹,余运正.当代室内设计中美学原理的应用研究[M].长春:东北师范大学出版社,2019.

[23] 李栋.室内设装饰材料与应用[M].南京:东南大学出版社,2005.

[24] 李国华.建筑装饰材料[M].北京:中国建材工业出版社,2004.

[25] 李强.室内设计基础[M].北京:化学工业出版社,2011.

[26] 梁旻,胡筱蕾.室内设计原理[M].上海:上海人民美术出版,2016.

[27] 刘洪波.公共空间设计[M].哈尔滨:哈尔滨工程大学出版社,2009.

[28] 刘怀敏.室内软装饰设计[M].北京:化学工业出版社,2015.

[29] 卢朗.室内设计程序与方法[M].上海:上海人民美术出版社,2009.

[30] 马澜.室内设计[M].北京:清华大学出版社,2012.

[31] 苗壮,刘静波.室内装饰材料与施工[M].哈尔滨:哈尔滨工业大学出版社,2003.

[32] 潘吾华.室内陈设艺术设计[M].北京:中国建筑工业出版社,1999.

[33] 邱晓葵.室内设计[M].北京:高等教育出版社,2008.

[34] 王勇.室内装饰材料与应用[M].北京:中国电力出版社,2012.

[35] 文健.室内空间设计[M].北京:北京科文图书业信息技术有限公司,2008.

[36] 辛艺峰.建筑室内环境设计[M].北京:机械工业出版社,2018.

[37] 许柏鸣 . 家具设计 [M]. 北京：中国轻工业出版社 ,2002.

[38] 杨清平 , 李柏山 . 公共空间设计（第 2 版）[M]. 北京：北京大学出版社 ,2012.

[39] 殷正洲 . 室内设计 [M]. 上海：上海画报出版社 ,2009.

[40] 俞兆江 . 空间与环境室内设计的方法与实施 [M]. 成都：电子科技大学出版社 ,2018.

[41] 张峰 , 陈雪杰 . 室内装饰材料应用与施工 [M]. 北京：中国电力出版社 ,2009.

[42] 张绮曼 . 室内设计的风格样式与流派 [M]. 北京：中国建筑工业出版社 ,2000.

[43] 张青萍 . 室内环境设计 [M]. 北京：北京林业出版社 ,2003.

[44] 张玉明 . 建筑装饰材料与施工工艺 [M]. 济南：山东科学技术出版社 ,2004.

[45] 张志刚 . 家具与室内装饰材料 [M]. 北京：中国林业出版社 ,2002.

[46] 张铸 . 室内设计色彩搭配图解手册 [M]. 北京：中国轻工业出版社 ,2018.

[47] 招霞 . 家的色彩 [M]. 南京：江苏凤凰科学出版社 ,2018.

[48] 赵伟 , 孙艳萍 , 刘迪 . 艺术化室内空间设计语言及美学价值的探讨 [M]. 西安：西安交通大学出版社 ,2019.

[49] 郑曙旸 . 室内设计思维与方法 [M]. 北京：中国建筑工业出版社 ,2003.

[50] 周燕珉 . 住宅精细化设计 Ⅱ [M]. 北京：中国建筑工业出版社 ,2015.

[51] 朱钟炎 . 室内环境设计原理 [M]. 上海：同济大学出版社 ,2003.